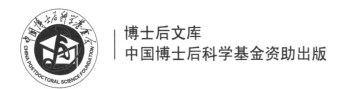

博士后文库
中国博士后科学基金资助出版

西藏藓类植物研究

寇 瑾 著

科学出版社

北 京

内 容 简 介

本书介绍了在西藏地区环境变化过程中，藓类植物物种组成、优势科属、物种地理成分的差异性，并结合物种多样性保护、气候变化对植物分布的影响及高寒草地恢复等国内外生态学热点问题，报道了西藏地区藓类新物种，应用物种分布模型模拟了研究区代表性优势藓的分布格局，以及未来气候变化背景下的迁移路线，总结了研究区藓结皮对高寒草地恢复的科学价值和研究的匮乏之处。本书旨在通过研究西藏不同时空尺度藓类植物物种组成及分布格局的变化，为我国脆弱生态系统保护与环境变化监测提供研究资料，为我国苔藓植物系统进化、苔藓生态学的研究奠定基础。

本书内容翔实、章节内容逐级深入，既适合对西藏和苔藓植物感兴趣的学生和相关领域的科研工作者阅读，也适合应用物种分布模型建模及关注高寒草地恢复的科技人员参考。

图书在版编目 (CIP) 数据

西藏藓类植物研究/寇瑾著. —北京：科学出版社，2023.8
（博士后文库）
ISBN 978-7-03-075241-3

Ⅰ. ①西… Ⅱ. ①寇… Ⅲ. ①藓类植物–研究–西藏 Ⅳ. ①Q949.35

中国国家版本馆 CIP 数据核字（2023）第 078069 号

责任编辑：王 静 付 聪／责任校对：郑金红
责任印制：赵 博／封面设计：刘新新

科 学 出 版 社 出版
北京东黄城根北街 16 号
邮政编码：100717
http://www.sciencep.com

北京厚诚则铭印刷科技有限公司印刷
科学出版社发行 各地新华书店经销
*
2023 年 8 月第 一 版 开本：720×1000 1/16
2024 年 1 月第二次印刷 印张：10
字数：202 000
定价：**128.00 元**
（如有印装质量问题，我社负责调换）

"博士后文库"编委会名单

主　任　李静海

副主任　侯建国　李培林　夏文峰

秘书长　邱春雷

编　委（按姓氏笔画排序）

"博士后文库"序言

1985 年，在李政道先生的倡议和邓小平同志的亲自关怀下，我国建立了博士后制度，同时设立了博士后科学基金。30 多年来，在党和国家的高度重视下，在社会各方面的关心和支持下，博士后制度为我国培养了一大批青年高层次创新人才。在这一过程中，博士后科学基金发挥了不可替代的独特作用。

博士后科学基金是中国特色博士后制度的重要组成部分，专门用于资助博士后研究人员开展创新探索。博士后科学基金的资助，对正处于独立科研生涯起步阶段的博士后研究人员来说，适逢其时，有利于培养他们独立的科研人格、在选题方面的竞争意识以及负责的精神，是他们独立从事科研工作的"第一桶金"。尽管博士后科学基金资助金额不大，但对博士后青年创新人才的培养和激励作用不可估量。四两拨千斤，博士后科学基金有效地推动了博士后研究人员迅速成长为高水平的研究人才，"小基金发挥了大作用"。

在博士后科学基金的资助下，博士后研究人员的优秀学术成果不断涌现。2013 年，为提高博士后科学基金的资助效益，中国博士后科学基金会联合科学出版社开展了博士后优秀学术专著出版资助工作，通过专家评审遴选出优秀的博士后学术著作，收入"博士后文库"，由博士后科学基金资助、科学出版社出版。我们希望，借此打造专属于博士后学术创新的旗舰图书品牌，激励博士后研究人员潜心科研，扎实治学，提升博士后优秀学术成果的社会影响力。

2015 年，国务院办公厅印发了《关于改革完善博士后制度的意见》(国办发〔2015〕87 号)，将"实施自然科学、人文社会科学优秀博士后论著出版支持计划"作为"十三五"期间博士后工作的重要内容和提升博士后研究人员培养质量的重要手段，这更加凸显了出版资助工作的意义。我相信，我们提供的这个出版资助平台将对博士后研究人员激发创新智慧、凝聚创新力量发挥独特的作用，促使博士后研究人员的创新成果更好地服务于创新驱动发展战略和创新型国家的建设。

祝愿广大博士后研究人员在博士后科学基金的资助下早日成长为栋梁之才，为实现中华民族伟大复兴的中国梦做出更大的贡献。

中国博士后科学基金会理事长

前　言

　　西藏是我国西南边陲的重要门户，素有"世界屋脊"和地球"第三极"之称，也是亚洲乃至北半球气候变化的"放大器"和"启动器"。在气候变化背景下，西藏的生态环境和物种多样性均面临着严峻的挑战。而苔藓植物是高等植物类群中仅次于被子植物的第二大类群。苔藓植物生态幅宽，适应性强，是森林生态系统重要的植被组成，群落演替过程中的先锋植物，在退化生态系统恢复中担任着重要的角色，并对环境变化具有很强的敏感性和指示作用，更是西藏的主要植物组成。西藏苔藓植物的多样性报道主要源自《西藏苔藓植物志》（中国科学院青藏高原综合科学考察队，1985），而气候变化对西藏苔藓植物的影响仅在个别属种有所报道。因此，作者基于博士期间对西藏苔藓植物的系统调查和物种多样性研究、博士后期间对西藏苔藓植物对气候变化响应的研究和更多资料信息的整理及研究技术的掌握，从经典分类学、分子系统学、地理分布格局等方面对西藏藓类植物的研究进行了多方面总结。

　　本书分为 6 章。第 1 章主要通过对西藏自然环境、地形地貌、气候条件等情况的介绍，展示西藏环境的特殊性。第 2 章通过对超过 30 年时间跨度中西藏藓类植物物种组成、优势科属、物种地理成分的比较，揭示西藏藓类植物发生的巨大的物种多样性变化。第 3 章通过对西藏越来越多的旱生类群新种、新记录种的报道和描述，以及争议物种的介绍，使读者体会物种分化的原因和进程并关注西藏藓类物种多样性和脆弱生态环境的保护。第 4 章通过对西藏不同优势旱生藓类分布格局及其与栖息地环境因子关系的探索，反映不同类群基础生态位的差异。第 5 章通过对不同气候情景下代表性优势藓属分布格局的变化及迁移路线的模拟，获取可以用于长期监测西藏气候变化的敏感性优势类群，促进西藏藓类植物资源的开发与利用，为藓类植物多样性的保护及后续的深入研究提供基础资料。第 6 章介绍了藓结皮的重要生态功能及其与高寒草地保护和恢复的关系，可为高寒草地植被的恢复提供基础依据。

　　在这里，特别感谢我的博士生导师——中国农业大学邵小明教授，他在我博士期间孜孜不倦地指导和栽培、支持与鼓励，推动我不断向前；感谢荷兰屯特大学国际地理信息科学与地球观测学院汪铁军教授在我留学期间对我的帮助和指导，他拓宽了我的科研思路，使我不断成长；感谢东北师范大学肖洪兴教授在我工作期间对我的栽培和引导，使我明确了未来的发展方向；感谢广州大学的俞方圆博士和内蒙古农业大学的冯超博士，是他们使我增强了克服困难的信心。同时，感谢中国博士后科学基金（2019M651185）、国家自然科学基金青年基金（42001045）和中国博士后出版基金的资助。感谢我所在的东北师范大学植物系统与进化实验室的吴婷婷、韩宇、甘雨晨、边涛、王尧几位研究生的协作，使得相关研究顺利进行。感谢东北师范大学的吴婷婷和韩宇参与第 1 章和第 2 章的编写，边涛和王尧对本书图片的绘制；感谢内蒙古农业大学的冯超博士参与第 3 章的编写；感谢国家林业和草原局发展研究中心赵广帅参与第 6 章的编写。

在此，特向西藏的科研工作者和对西藏进行过科学研究的前辈致以崇高的敬意，并对科学出版社表示衷心的感谢！

由于作者水平有限，加之撰写时间仓促，文中疏漏在所难免，敬请广大读者批评指正。

寇 瑾

2021 年 5 月

目　　录

第1章 西藏自然概况

1.1 地理位置

西藏（26°50′N～36°53′N，78°25′E～99°06′E）地处中国西南边陲，位于青藏高原西南部，占整个高原面积的70%以上，北面以昆仑山、唐古拉山山脊为界，与青海和新疆接壤，东面与四川隔着金沙江，南面是云南，并与缅甸、印度、不丹、尼泊尔等国毗邻，西面紧邻克什米尔地区。东西最长达2000km，南北最宽约1000km，面积122.84万 km^2，约占全国总面积的12.5%，为我国面积第二大省份，仅次于新疆。西藏85.1%以上的区域均位于海拔4000m以上，素有"世界屋脊"、地球"第三极"之称（Lu et al.，2015；张超，2009；刘原和朱德祥，1984）。

1.2 地质地貌特征

1.2.1 地质特征

西藏从宏观上看，应属于昆仑—秦岭纬向构造体系和南岭纬向构造体系之间巨型地槽的一部分，由于南北向水平挤压作用发生变形。西藏及其邻近地区构造带分属区域东西向构造带、歹字型构造体系、弧形构造带3种形式，具体可划分为西藏高原区域东西向构造带、青藏歹字型构造体系、帕米尔—冈底斯歹字型构造体系、喜马拉雅弧形构造带、扎林-纳木-念青唐古拉弧形构造带等5个较大型的构造体系。此外，在青藏歹字型构造体系与帕米尔—冈底斯歹字型构造体系首尾毗邻地区，还存在着发育良好的旋钮构造和发育不完全的半环状构造，在西藏西南部，以昂拉仁错为中心，夹在班公错-怒江缝合带和雅鲁藏布江缝合带之间还有一个发育较好的椭圆形环状构造形迹。从整体上看，西藏地区构造格局展示出以数条对接带为特征的板块嵌合结构，是特提斯构造的重要组成部分（康文华，1982；李国治，1982）。

从区域地质构造角度看，以雅鲁藏布江为界，大体可分为两大部分：一是喜马拉雅新生代构造带，为雅鲁藏布江以南主要地槽区；二是藏北中生代构造带，雅鲁藏布江以北主要地槽褶皱区，或者可以称之为西藏地台。西藏地台以龙木错-玛尔盖茶卡-金沙江断裂带、班公错-色林错-怒江断裂带和噶尔藏布-雅鲁藏布江断裂带为界，从北向南依次分布有喀喇昆仑海西-印支褶皱带、唐古拉（燕山）早期褶皱带、冈底斯燕山晚期褶皱带3个主要构造带。根据已知的最新地层资料显示，这些构造带脱离海洋侵蚀成为陆地的年代分别在三叠纪晚期、侏罗纪晚期及晚白垩纪时期。喜马拉雅新生代构造带和西藏地台的地质发展历史各有不同，但从白垩纪末期到古近纪开始，喜马拉雅便以西藏古地中海的消亡为标志逐渐与西藏地台拼合到一起，至此也标志着西藏高原进入了新的地质地貌发展过程（柯丹丹等，2014；康文华，1982；李国治，1982）。

西藏高原是世界上地层发育最全的地区之一，几乎所有时代的地层都有分布。西藏地层格架以班公错-丁青-碧土-昌宁-孟连结合带为界，从北东向南西划分有羌塘-三江（扬子）构造-地层区和滇藏（印度）构造-地层区两大构造-地层区（国家林业局，2015；魏振声和谭岳岩，1983）。

（1）羌塘-三江（扬子）构造-地层区北与新疆、青海交界，南以班公错-色林错-那曲-怒江结合带为界，基本上相当于泛华夏大陆晚古生代羌塘-三江（扬子）构造区的构造位置。西藏出露的最古老的地层年代在元古界，主要为一套结晶片岩、片麻岩、变粒岩、大理岩、绿片岩等。地层分布较为广泛的时期是晚古生代，在这一时期形成的泥盆系碎屑岩层分布广泛。碎屑岩层是通过沉积作用形成的，由于在晚古生代时期，地球变化导致一些沉积作用停止和重新开始，使泥盆系碎屑岩层与下面的上古生界地层之间形成了一些不连续的层面，也称为沉积不整合。早泥盆世地层存在局部缺失现象。在上古生界超基性岩、基性—中基性火山岩大量分布，以海相碳酸盐岩与碎屑岩组合为主。中生代与新生代地层中以三叠纪时期分布最为广泛、变化最为强烈的是岩相和岩石组合区域，三叠系大量分布着碳酸盐岩和基性—中基性火山岩，以一套次稳定-活动型的海相碎屑岩为主体，主要分布在西藏昌都的江达地区。由于该地区早三叠世地层不整合在下伏地层之上，致使该地区缺失了早三叠世地层与中三叠世地层，晚三叠世地层区域上较广泛不整合在下伏地层之上，主体为一套陆相碎屑岩-海陆交互相碎屑岩夹碳酸盐岩-浅海相碳酸盐岩组合序列，局部地区发育基性和中酸性火山岩。侏罗系主体分布在羌北-昌都地区及羌南地区，以一套海相-海陆交互相碳酸盐岩和碎屑岩组合为主体。白垩系主体为一套陆相碎屑岩沉积，除羌塘地区局部发育海相沉积之外，大部分地区均有分布。古近系和新近系在内陆盆地内均有分布，但分布范围较小（柯丹丹等，2014；魏振声和谭岳岩，1983）。

（2）滇藏（印度）构造-地层区主要位于班公错-怒江地理结合带以南的大部分地区，在构造位置上基本相当于晚古生代冈瓦纳北缘-中生代冈底斯-喜马拉雅构造区，主要包括班公错-怒江构造-地层区、冈底斯-腾冲构造-地层区、雅鲁藏布江构造-地层区及喜马拉雅构造-地层区等4个次级构造地层区。其中，冈底斯-腾冲构造-地层区和喜马拉雅构造-地层区以一套中深变质的片麻岩、大理岩、石英岩和片岩，以及含高压麻粒岩、角闪石岩、榴闪岩等暗色"包体"的高压超高压变质岩为主体，其上部以奥陶纪稳定型沉积盖层为主要覆盖层。二叠系中主要发育有基性火山岩夹层和冰水杂砾岩。在冈底斯-腾冲构造-地层区内以次稳定型—活动型的海相碎屑岩和碳酸盐岩沉积的一套组合为主体，石炭系—二叠系多发育基性、中性、中酸性火山岩。中生代地层在这里也有较为广泛的分布，在喜马拉雅构造-地层区内，中生代地层基本为连续沉积，主体为一套稳定型—次稳定型海相碎屑岩和碳酸盐岩组合，夹层有基性、中基性火山岩。但冈底斯—腾冲构造-地层区内的中生代地层发育不全，中三叠统、下三叠统和下侏罗统在大部分地区均有缺失，表现为晚三叠世或中侏罗世、晚侏罗世地层，特别是在晚白垩世地层区域广泛不整合在下伏地层之上，主体为一套海相-海陆交互相碎屑岩夹碳酸盐岩组合，其中发育了大量的中酸性火山岩。古近系、新近系在区内的分布较为广泛，除了在喜马拉雅构造区古近系下部分布有滨浅海相的碎屑岩夹碳酸盐岩沉积外，其余大部分地区均为一套内陆盆地陆相碎屑岩系。此外，新生代地层也发育了大量的高钾钙碱性火山岩（柯丹丹等，2014；魏振声和谭岳岩，1983）。

1.2.2　地貌特征

西藏位于青藏高原的主体区域，其主要地形地貌景观是第四纪以来新构造断块上升的结果，总体地势呈东南向西北上升趋势，高原上巨型山脉受区域构造控制呈现出明显的方向性特征，西藏境内山脉根据其大致走向可以初步划分为由喜马拉雅山脉、喀喇昆仑山—唐古拉山脉、昆仑山脉、冈底斯—念青唐古拉山脉、横断山脉等为主组成的东西向山系组及由伯舒拉岭、他念他翁山脉和宁静山脉等系列山脉组成的横断山脉为主的南北向山系组两大组，南北向山系组主要分布在西藏东部。其中，海拔超过 7000m 的山峰有 50 多座，超过 8000m 的山峰有 11 座。据新华通讯社（http://www.xinhuanet.com/politics/2020-12/16/c_1126866199.htm）报道，位于中国与尼泊尔边境线上，北部在中国西藏定日县境内、南部在尼泊尔境内的世界最高峰——珠穆朗玛峰，海拔已被认证为 8848.86m，峰顶长年冰雪覆盖，发育有许多规模巨大的现代冰川，广泛分布着冰斗、角峰、刃脊等冰川地貌，南北两侧的气候与地貌差异较大（宋闪闪，2015；中国科学院青藏高原综合科学考察队，1983，1988）。

高大山脉构成了西藏地区的地貌骨架。西藏可划分为藏北高原湖盆地区、藏南山原湖盆谷地区、藏东高山峡谷区和喜马拉雅高山区 4 个地形单元，具体来讲，主要包括平原、丘陵、低山、中山、高山及极高山等 6 种类型。此外，西藏还拥有火山、冰缘（石海、石环等）、岩溶（峰林、石林、石笋、溶洞等）、风沙等地貌（吴宜进等，2019；周银，2018；彭思茂，2015；刘德坤，2014；刘原和朱德祥，1984）。

（1）藏北高原湖盆地区，位于西藏中部及北部，约占西藏面积的2/3。该地形单元的北面是昆仑山脉，东北方向与北东走向的唐古拉山脉接连，南面主要是冈底斯山脉与南东走向的念青唐古拉山脉环扣，构成了一个平均海拔在5000m以上的封闭区域。藏北高原湖盆地区中海拔（5200～5500m）的区域具有一系列顶面宽缓、波状起伏的低山丘陵，主要为原始山原面，被称为一级夷面；其间保存有一系列面积宽阔、较为完整的低山丘陵之间的湖盆与宽谷，即盆地面，被称为二级夷面。西藏的内部高原上分布有西藏主要的高寒荒漠，表现为满布石碛的地面表层，植被及牧草生长极其稀少，是整个青藏高原上最为荒凉的地区，被称为"生命禁区"，以冰川、冻土、寒冻风化为主要地质营力（周银，2018；刘原和朱德祥，1984）。

（2）藏南山原湖盆谷地区，由雅鲁藏布江及其支流冲积形成的河谷组成，主要位于冈底斯山脉、念青唐古拉山脉及喜马拉雅山脉之间，发育有大量海拔在4000m以下的河谷平原，其中以拉萨河谷平原最为典型和宽阔。从喜马拉雅山北坡至冈底斯—念青唐古拉山脉南坡，南北向断陷构造叠置在呈东西向展布的喜马拉雅构造山带之上，地貌上形成许多宽窄不一的湖盆谷地和河谷平地。比较突出的湖盆谷地有羊卓雍湖高原湖泊区、札达盆地、喜马拉雅山中段北麓湖盆谷地以及马泉河宽谷盆地等；河谷平地以拉萨河、年楚河、尼洋河等河流冲积形成的河谷平原最为突出，谷宽一般为5～8km，长70～100km，表现为地形平坦开阔，土质肥沃，沟渠纵横，是西藏主要的农业分布区（刘原和朱德祥，1984）。

（3）藏东高山峡谷区，是横断山地的主要分布区，由一系列东西走向转南北走向的高大山地组成，中间分布有众多高山深谷，峡谷间有怒江、澜沧江和金沙江等河流纵穿。在青藏高原隆起抬升过程中，该区域中的怒江、澜沧江和金沙江沿着断裂地带下切形成巨大深谷区，而夷面地貌则形成了梁状的平顶山地形，构成了平均海拔在4600m左右的山地原面。该地形单元的地势大体呈北高南低，地貌类型比较复杂，从西往东依次由伯舒拉岭、他念他翁山脉和芒康山脉等山地组成。伯舒拉岭作为怒江水系与帕隆藏布的关键分水岭，是念青唐古拉山脉主体延续出来的部分。唐古拉山脉向东延续出来的另一分支，即芒康山脉，是澜沧江与金沙江的主要分水岭。该地形单元北半部分海拔在5200m左右，山顶较为平坦，坡度较缓；南部海拔相比于北部较低，平均海拔在4000m以下，但该区山体坡度较陡，整体比较险峻，从山顶到山谷的垂直高度可以达到2500m左右，且在山顶可以看见终年不化的白雪，山腰处则是茂密的森林，临近山麓时可以看见四季常青的田园风光，这样就构成了高山峡谷区南部较为奇特的景观（彭思茂，2015；刘德坤，2014）。

（4）喜马拉雅高山区，该区位于青藏高原主体的最南部，是西藏乃至我国主要的高山和极高山所在区域。呈近东西方向弧形展布的喜马拉雅山脉山体全长约

2400km，宽 200～300km，喜马拉雅山脉也可以看成是由众多大致东西走向的平行山脉组合而成，平均海拔在 6000m 左右，挺立于狮泉河与雅鲁藏布江形成的冲积平原以北，高耸陡立。该地形单元的主要平原分布区在萨嘎与米林之间的雅鲁藏布江中游若干河段，尼洋河、年楚河、拉萨河中下游河段，以及朋曲、朗钦藏布、易贡藏布、狮泉河、隆子河等的中游河段所在的河流冲积平原所在区（吴宜进等，2019）。

　　青藏高原的隆起对西藏森林生态系统、物种起源及高原物种环境适应性研究有重要意义。青藏高原独特的构造地貌单元，作为良好的地质环境演化过程的记录体，是许多植物生存和繁衍的避难所和发源地，为大量特有物种的形成创造了条件，是许多古老物种保存和遗传分化的中心。西藏高原植被及植物区系在严酷的自然选择及进化过程中经历了大规模的迁徙和交流，形成了西藏地区特有的年轻植被（北半球从寒带到热带的主要树种，以及丰富多彩的垫状植物和高山冰缘植物），构成了现代西藏高原的自然景观，被誉为天然植物博物馆。此外，隆升的地貌又对区域气候环境产生影响，从而影响地区土壤环境，影响植物生长的微环境，这种局部的环境变化会导致某物种基因的缺失或者增加，植物为适应这种局部环境的变化，也可能会产生相应的变异或进化（王娟，2013；张新时，1978）。

1.3　气候特征

　　西藏自治区在全国气候区划中属青藏高原气候区，在所处经纬度、海拔、地形地貌以及大气环流状况制约下，太阳辐射强，日照时数长，气温低，空气稀薄，大气干洁，干湿季明显，冬春季多大风，气候类型复杂多样且气候特征较为独特。总体上比较寒冷，但相较于西藏西北部的严寒和干燥，西藏东南部地区要相对温暖和湿润一些。从气候类型看，西藏地区从东南向西北依次有热带、亚热带、高原温带、高原亚寒带、高原寒带等各种气候类型（中国科学院青藏高原综合科学考察队，1984）。在部分高山峡谷区，如藏东南和喜马拉雅山南坡，受地势抬升作用影响，气温随海拔抬升呈逐渐下降趋势，气候类型发生从热带或亚热带气候到温带、寒温带和寒带气候的垂直梯度变化，也有学者根据西藏自治区年降水量分布特征将其划分为湿润区（年降水量>800mm）、半湿润区（年降水量 500～800mm）、半干旱区（年降水量 200～500mm）、干旱区（年降水量<200mm）4 个气候单元区（Kou et al.，2020；Song et al.，2015；中国科学院青藏高原综合科学考察队，1984）。

　　根据西藏自治区的地形特征和气候状况，西藏具体可划分为山地亚热带、高原温带、高原寒温带、高原寒带 4 个气候带。结合西藏年降水量及主要控制气团特点，相关学者再次将西藏具体划分为以下 10 个典型气候单元（林振耀和吴祥定，1981；张谊光和黄朝迎，1981；王保民，1980）。

1.3.1 藏东南山地湿润气候区

位于喜马拉雅山脉东段南翼，伯舒拉岭以西的低山地带。由于高大山体阻挡了部分北方冷干气流，该气候区冬季气温比同纬度东部地区高，年平均气温大于10℃，其中西南边缘局部可达 20℃左右。最暖月平均气温为 18～20℃，日最低气温≥0℃的天数只有 100 天左右，一般无霜冻危害。年降水量多在 1000mm 以上，局部最多可达 5000mm 之多，且雨季长，气候湿润。因云雨较多，日照时数较少，年日照时数多在 1800 小时以下，日照百分率小于 40%。地面主要天然植被为亚热带季雨林，农作物多分布在河谷两岸阶地，可种植水稻、玉米、小麦、喜温蔬菜、瓜果和热带经济作物等。局部有热带气候特色，是喜温作物产区。暴雨、洪涝、连阴雨等是该气候区主要自然灾害。

1.3.2 波密、林芝高原湿润气候区

主要包括尼洋河、帕隆藏布江及易贡河中上游、雅鲁藏布江中游部分地区。海拔一般为 2000～3300m，气候垂直差异明显。因地形作用，易受偏南暖湿气流影响，降水充沛，年均降水量为 600～900mm，仅次于藏东南地区，气候温暖。年平均气温一般在 8～10℃，≥0℃年活动积温为 2500～3200℃，≥10℃天数为100～150 天。由于阴雨天多，日照较少。地面主要天然植被为针阔混交林，森林资源丰富。主要农作物为小麦和青稞，可以越冬，部分地区局地小气候条件比较好，收割后可继续种植荞麦、油菜等。春旱、低温冻害等是该气候区主要自然灾害。

1.3.3 三江源半湿润气候区

为伯舒拉岭以北的三江河谷地带，地形复杂，地势北高南低，冷暖气流在该气候区活动时易产生爬坡和下滑作用。夏季，因地形抬升易致雨，故北部 6～9 月降水较多。冬季，北方冷空气可从青海南部顺河川南下到该气候区南部形成准静止锋降水。就全年降水量而言，东北部较少，450～580mm，冬季多降雪。年降水量季节分配不集中，雨季一般开始于 5 月中、下旬，结束于 10 月上、中旬。该气候区南北温差较大，年平均气温多数在 4～10℃，西北部低于 4℃。≥0℃年活动积温一般为 2000～3000℃，≥10℃天数为 60～150 天，西北部少于 40 天。日最低气温≤0℃的天数多达 180～240 天，易造成冻害，尤其北部霜冻较为严重。这里，农、牧、林的垂直结构比较明显，耕地基本零散分布于海拔 2000～3000m 的河流阶地及沟谷内，主要作物为青稞、小麦。山腰为天然林区，有药材分布。山

顶气候寒冷,为大面积高山草甸草场,以牧业为主。

1.3.4 雅鲁藏布江流域高原半湿润气候区

为西念青唐古拉山脉以南,米玛金珠山脉以北的雅鲁藏布江中、上游沿江地带,东起泽当,西至昂仁一带,包括拉萨河中、下游流域。气候比较温暖湿润,年平均气温 5~8℃,≥0℃年活动积温为 2500~3000℃,≥10℃天数为 100~160 天。年平均降水量 400~500mm,东部多于西部。降水主要集中在 6~9 月,占全年降水量的 90%左右,最多达 95%,且多夜雨,夜雨率为 80%左右,拉萨、日喀则等地高达 85%,是全区的夜雨中心。昼晴夜雨、雨热同季,能够满足青稞、小麦等作物生长需求,有利于农牧业发展。地面主要天然植被为高原草甸。主要气候灾害为初夏干旱,局地冻害及风沙,西部受影响程度较为明显。

1.3.5 喜马拉雅山北麓高原半干旱气候区

为喜马拉雅山脉中东段与米玛金珠山脉之间的山麓地带,东起隆子、错那,西到吉隆,还包括亚东中北部,聂拉木西北部地区。该气候区气候温凉较干,由于南有喜马拉雅山天然屏障,偏南暖湿气流受阻,少量越山而过的下沉气流,层结较稳定,加之沿雅鲁藏布江而上的气流,水汽逐渐耗尽,致使该气候区少雨,尤其西部更为明显,称为"雨影区"。该气候区年平均气温 2~5℃,≥0℃年活动积温只有 1500~2200℃,≥10℃天数仅为 50~100 天。年降水量不足 300mm,80%的降水集中在 6~9 月,多夜雨。冬春大风和沙暴较多,次数和强度仅次于阿里地区,另外还有强降温及霜冻等灾害性天气。地面天然植被类型为草原草甸,以牧业为主。河谷低地为农区,只能种植青稞、小麦。

1.3.6 阿里南部高原干旱气候区

为冈底斯山脉以南的西南边缘地区,包括吉隆、仲巴、普兰和札达等县的部分地区。因喜马拉雅山在该气候区有许多较低的大小山口,偏南暖湿气流可从山口进入。另外,沿雅鲁藏布江而上的夏季暖湿气流尚有少量可西进至冈底斯山脉主峰以东地区,故降水量比冈底斯山脉以北要多,尤其冬季多降雪。年降水量为 100~200mm,从东向西逐渐减少。气温也比北部高,年平均气温为 1~3℃,≥0℃年活动积温为 1500~2000℃,≥10℃天数为 90 天左右。地面天然植被类型为高山荒漠草甸,在海拔 2900~3900m 的河谷两岸的坡地阶地上可种植青稞、春小麦、豌豆、早熟油菜等作物。主要气候灾害为干旱、冻害和秋冬雪灾。

1.3.7 藏东北高原半湿润气候区

为东念青唐古拉山脉以北的那曲东北部地区。因地形作用和切变线影响，降水较多。年降水量多为 400～550mm，冬春多降雪，是西藏积雪最深，持续时间最长的区域之一。由于北方冷空气易从青海南部侵入该气候区，气温明显偏低，年平均气温为-2～0℃，≥0℃年活动积温为 900～1400℃，≥10℃天数很少，最多的地方不足 20 天，少者只有 8～9 天，最暖月平均气温仅为 8～10℃，气候复杂，垂直差异明显。以牧业为主，大部分地区不能种植农作物，那曲局地可种青稞、春小麦等。主要气候灾害为雪灾、雪后强降温及局地冰雹灾害。

1.3.8 南羌塘高原半干旱气候区

为西念青唐古拉山脉以北，唐古拉山西段以南的班戈、申扎地区。境内湖泊众多，平均海拔较高，地势较为开阔平坦，下垫面土质坚硬，植被稀疏。降水较少，年降水量为 300mm 左右，85%以上的降水集中在 6～9 月，多冰雹、雷暴。气候较寒冷，年平均气温在 0℃以下，最暖月平均气温不足 10℃。以牧业为主，局地湖泊盆地可种植青稞。该区域太阳辐射强烈，日照多，冬春两季多大风，风雪过后温度下降显著，均对牧业造成一定危害。

1.3.9 南羌塘高原干旱气候区

为冈底斯山脉以北，改则、措勤以西的阿里地区中西部。山脉峰峦交错、湖泊众多，下垫面多为戈壁石砾组成。气温低，降水少，多大风。日最低气温在 0℃以下的时间多达半年。年降水量不足 100mm，降水集中，无明显雨季，但有干湿季之分。年大风天数在 140 天以上，改则一带最多，一年有 200 多天刮大风。天然植被类型以荒漠草原为主，主要发展畜牧业。虽部分湖盆、河谷沿岸地带可种植青稞、春小麦，但不易成熟。主要气候灾害为干旱、冻害、风沙等。

1.3.10 北羌塘高原干旱气候区

为唐古拉山脉西段至戈木-多木拉一线以北的藏北高原寒漠地带。地势高亢，土质贫瘠，植被稀疏。气候严寒而干燥，年平均气温低于-4℃。年降水量少于 60mm，新藏交界处仅 20mm 左右，多大风天气。该气候区无农作，暖季时局部地区可少量放牧。

西藏是我国太阳辐射时间最长的地方，多数地区太阳辐射量高达 6000～

8000MJ/m²，比同纬度平原地区多 1/3，甚至 1 倍（邹宓君等，2020；Zheng，1996）。该地区气温较低，年平均气温为 10～15℃。降水一般集中在 6～9 月，由东南向西北降水量从＞1000mm 到＜50mm 不均匀分布（You et al.，2013）。在多种条件综合作用下，藏南与藏北气候具有较大差异。由于印度洋暖湿气流的影响，藏南谷地常年多雨，年降水量高达 2000mm，年平均气温为 8℃，最低月平均气温为–16℃，最高月平均气温高达 16℃。藏北呈现温带大陆性气候，年平均气温低于 0℃，冰冻期较长，达半年以上，最高气温不超于 10℃，全年最高气温集中在 6～8 月，雨季多夜雨，年降水量大约只有 50mm，冬春多大风。由于冬季西南风和夏季季风的影响，西藏干湿两季较为明显，每年 10 月至次年 4 月为干季，5～9 月为雨季，雨季降水量占西藏全年降水量的 90%。西藏各地区降水量差异较大，具体表现为由东南向西北递减（邹宓君等，2020；吴宜进等，2019；王圆圆和扎西央宗，2016）。

西藏作为全球气候变化敏感区，在气候变暖驱动下，近 50 年来增温幅度较同期我国东部和全球平均值大，年平均气温的线性增温速率为 0.571℃/10a，远高于我国近 54 年增温速率（0.25℃/10a）。自 20 世纪 60 年代以来，高海拔地区的变暖速度比低海拔地区的更快，冬季和秋季的升温速率（＞0.2℃/10a）明显高于春季和夏季的升温速率（＜0.2℃/10a），而且这种趋势预计在 21 世纪末还将继续加强，预计到 2100 年，年平均气温将增加 2.6～5.2℃（Yao et al.，2019；Palazzi et al.，2017；Chen et al.，2013；Liu and Chen，2000）。西藏的气温和风速尽管从整体变化趋势上看与青藏高原气温和风速的变化趋势是一致的，但其变化幅度在空间差异上相较于青藏高原其他省份要明显大一些，而且西藏的降水量变化也不同于青藏高原边缘的其他省份，西藏地区的降水量同时受到南亚季风和西风环流的影响，所以情况更为复杂一些，其降水在空间上呈统一增加的趋势（Guo et al.，2019；Yang et al.，2014）。1979～2018 年藏北高原暖湿化、藏南暖干化趋势加强，西藏全区站点平均升温速率高达 0.54℃/10a，藏南降水略有减少而藏北降水增加，日照时数和风速普遍显著下降，但风速在 2002 年左右停止下降，2010 年以后有所回升。1960 年以来，降水趋势在西藏高原地区表现出微弱的季节和空间波动，但总体上略有增加，年际变化较大。降水在冬季和夏季有所增加，秋季和夏季未出现显著下降，中部、东部和东南部地区的年降水量普遍增加，有零星的极端湿润期，而高原的其他地区则普遍出现降水减少的现象，使用联合国政府间气候变化专门委员会（Intergovernmental Panel on Climate Change，IPCC）模型对未来降水趋势的预测表明，至 2100 年，这种湿润趋势将持续存在（Chen et al.，2013）。

此外，西藏境内分布着大量的冰川和冻土，在气候升温背景下，西藏地区冰川快速退缩，其中以藏东南地区和念青唐古拉山脉的退缩幅度最大，冰川最大减薄速率可达 8.0m/10a。邬光剑等（2019）对青藏高原及周边地区冰川灾害的研究表明，冰川的加速退缩将会导致该地区湖泊水量增加，面积快速扩张，此外也会加快冰川径流的增加速度，打破原有水循环过程的平衡，进而引发冰崩、冰湖溃决、冰雪洪水等一系列水文灾害。西藏高原区多年冻土所占面积约43%，但稳定性较弱，退化严重，多年冻土退化会使得土壤水分含量减少、生态系统对径流的调节能力下降和短根系植物枯死，引发生物多样性减少、荒漠化趋势增加（吴小丽等，2021；戴睿等，2012；Bense et al.，2009）。

1.4　水 文 特 征

西藏是我国主要江河河源集中区，有近20条河流，河流面积超过1万km^2，怒江、澜沧江、雅鲁藏布江、长江、狮泉河等河流都源于或流经于此。受地理位置和环境条件限制，西藏地区河流径流量多集中在主要的江河之上，且河川径流量年际变化大，年内分布不均，大中河流最大与最小年径流量之比介于1.9与4.0之间，年内径流多集中在每年6~9月的汛期，径流量占全年的50%~80%（姚治君，2001）。西藏河流分外流水系与内流水系两大系统。外流水系位于除西藏北部的外围地区，具体包括雅鲁藏布江、金沙江、澜沧江、怒江、狮泉河、朗钦藏布、朋曲和察隅曲等，河流流域总面积约为58万km^2，超过西藏自治区面积的48%。该地区上游河谷较宽、下游河谷深切，具体表现为宽窄相间。内流水系主要分布于藏北地区，流域面积较小，小于1000km^2，包括扎加藏布、波仓藏布、江爱藏布和措勤藏布等，总流域面积约60万km^2，内流水系呈现季节性，由四周山坡向底部汇集。西藏地区河流还可按其最终归宿分为印度洋、太平洋、藏北内流和藏南内流四大水系。总体来看，西藏地区河流流量丰富，含沙量小，水温偏低，水质较好。据西藏自治区水利厅研究表明，全区年水系平均径流量超过4482亿m^3，约占我国水系径流量的16.50%，居全国首位（国家林业局，2015；张超，2009；中国科学院青藏高原综合科学考察队，1984）。

西藏还是世界上海拔最高的高原湖沼分布区，是我国湖泊、沼泽分布最集中的区域之一，是我国湖泊分布最多的省份，湖泊面积约占全国湖泊面积的1/3，高原湖群与我国长江中下游湖群相遥望，构成我国东西两大湖群。西藏8hm^{2}以上的湖泊有5466个，面积达303.52万hm^2。其中，100hm^{2}以上的湖泊1012个，面积292.65万hm^2。湖泊矿化度由藏东南向藏西北和由藏南向藏北增高，呈现淡水—微咸水—咸水—盐湖—干盐湖的分布趋势。西藏湖泊分为三大区：藏东南外流湖区，为淡水湖；藏南外泄、内陆湖区，为淡水湖、咸水湖或半咸水湖；藏北内陆湖区，多为咸水湖，其次为盐湖和干盐湖（国家林业局，2015；孙凤环等，2015）。

此外，西藏高原还是世界上山地冰川最发育的地区，有海洋性冰川和大陆性冰川两大类型，共 22 468 条，面积为 28 645hm^2，分别占全国冰川条数的 48.5% 和占全国总冰川面积的 48.2%。海洋性冰川主要分布于喜马拉雅山脉南侧和念青唐古拉山脉东段；大陆性冰川主要分布在冈底斯山脉、念青唐古拉山脉西段、喀喇昆仑山和唐古拉山。冰川融水径流 325 亿 m^3，约占全国冰川融水径流的 53.60%。75% 的冰川分布于外流水系流域，25% 的冰川分布于藏北内陆水系流域。冰川融水是西藏湿地的重要补给源。冰川融水一方面补给河流，另一方面补给湖沼。西藏地下水较丰富，地表径流有近 1/3 由地下水补给。地下水补给高值区分布于雅鲁藏布江下游及藏东南喜马拉雅山南翼诸河流，年补给量高达 53 万 m^3/km^2 以上，低值区分布于西藏西部诸河及北部羌塘内流水系区（国家林业局，2015）。

1.5 植 被 特 征

西藏自然条件复杂，地域差异明显，生物物种分化强烈，生物多样性极具特色，是世界生物多样性研究热点地区之一（国家林业局，2015）。西藏地区保存着大量原始的天然植被，自东南向西北地带性植被的分布与东亚大陆基本一致，即遵循森林—草甸—草原—荒漠的演替规律。此外，受西风环流和地形地貌的影响，高原面上还形成了高寒草甸、草原和荒漠植被。由于高原隆升及其引起的特殊的大气环流状况，西藏植被的成带现象不同于一般的经向或纬向地域分异，具有高原垂直植被带特征，主要由适应高寒的植物种类构成，与毗邻的平原植被有显著差异。西藏植被分布界限高，大陆性强，主要以旱生性的草原植被占较大优势，广布的高寒草甸也以具有寒旱生特征的小嵩草草甸为主，并广泛分布着耐寒旱的垫状植被，在藏西北甚至形成了极端贫乏的高寒荒漠植被。此外，由于高原地形平缓，内部具有较大的连续性和一致性，使得高原植被带幅度宽广，且在各植被带内隆起的山地上又会形成以高原地带性植被为基带的独特山地植被垂直带谱，体现了西藏自然景观的垂直变化与水平分异特征（中国科学院青藏高原综合科学考察队，1988；张新时，1978）。

西藏东南部降水较多，森林广布，包括热带雨林、常绿阔叶林、硬叶常绿阔叶林、落叶阔叶林、针叶林等，还保存有部分原始的天然林地。此外，西藏各地都有灌丛分布，灌丛所占面积不大，但类型众多。灌丛的生态适应幅度比森林广，既有广布于东南部的常绿革叶灌丛和常绿针叶灌丛，也有散布于各地的不同类型的落叶阔叶灌丛、干旱河谷中的肉质刺灌丛与干旱地区的盐生灌丛。高山草原广泛分布于高原腹地，是适应高海拔地区寒冷半干旱气候的植被类型。高山上部广泛分布着由适应低温的中生多年生草本植物组成的草甸植被。高山草原以耐寒旱生的多年生禾草、根茎薹草和小半灌木为建群种，伴生着适应高寒生境的垫状植物层片，具有草丛低矮、层次简单、草群稀疏、覆盖度低以及生物产量低等特点。

在海拔较低的山坡谷地则广泛分布着各类山地草原，如雅鲁藏布江中游谷地的三刺草草原。西藏西北部是干旱的荒漠，气候极其干旱，土壤粗瘠且常含盐分，分布着超旱生的灌木、半灌木植物。高山荒漠作为亚洲大陆最干旱的高山和高原的代表，代表地被植物是垫形的小半灌木及垫状驼绒藜，它形成的高 10cm 左右的小圆帽状垫丛，既能在含盐的、有多年冻土层的古湖盆底部广泛分布，又能生长在干旱的沙砾质高原面上（杨勤业和郑度，2002；中国科学院青藏高原综合科学考察队，1988）。

西藏是研究高山植被及其与环境关系的天然实验室，也是重要的物种资源和基因库。据《西藏植物志》记载，西藏全区维管植物共 208 科 1258 属 5766 种。近年来，随着西藏科考工作的深入展开，一些新属、新种及新分布陆续发表，西藏植物名录正在逐渐更新与完善。目前，西藏已记录苔藓植物 700 余种，蕨类和种子植物等维管植物 7489 种，中国特有植物 2760 种，西藏特有植物 1075 种；各类珍稀濒危保护野生植物 383 种（http://xz.people.com.cn/n2/2021/0308/c138901-34610019.html，2022-10-30）。国家一级重点保护野生植物有玉龙蕨、巨柏、喜马拉雅红豆杉、云南红豆杉、长蕊木兰等 7 种，国家二级重点保护野生植物有桫椤、毛叶桫椤、白桫椤、金毛狗、澜沧黄杉、金荞麦、红椿、长喙厚朴、辐花、山莨菪、画笔菊、羽叶点地梅、胡黄连、十齿花、千果榄仁、榉树、三蕊草、油麦吊云杉、独花兰、水青树等 20 种。列入西藏自治区重点保护植物的有 40 种，列入《濒危野生动植物种国际贸易公约》的有 214 种（吴征镒，1983）。

总体来看，西藏的植物科的分布型以世界广布为主，属的分布型以温带分布为主，种的分布型以中国特有与中亚分布及变型占绝对优势。植物区系主要由温带、热带、世界广布和中国特有成分组成。温带，特别是北温带的植物属数，占西藏植物总属数的近 1/5，而且属内种类分化较多，所包括的种数很多。属于热带分布型的属数虽不少，但每属所包括的种类一般都较少（国家林业局，2015；宋闪闪，2015）。

据第六次全国森林资源清查结果显示，西藏森林覆盖率为 11.31%，主要森林带包括喜马拉雅南侧的热带山地雨林、常绿阔叶林、亚高山暗针叶林以及藏东南雅鲁藏布江下游河谷地区的亚热带山地针叶林。在现有森林资源中，天然林和成过熟林占多数，藏东、藏南分布着大片原始森林。西藏天然林比例和森林蓄积量长期保持在全国首位，活立木蓄积量居全国第二，森林蓄积量为 20.84 亿 m^3。西藏自治区人民政府 2018 年统计西藏森林覆盖面积 632 万 hm^2，占西藏土地面积的 5%，约占全国森林面积的 5.5%，森林总蓄积量为 14.4 亿 m^3，占全国森林总蓄积量的 14%（田丹宇等，2017）。

除乔木林外，西藏灌木林资源也非常丰富，除了藏东南和藏中南的少部分地区，其余的大部分区域均有分布。西藏灌木林物种多样，科属组成以杜鹃花科、蝶形花科和蔷薇科为优势科，但群落物种组成较为单一，且物种丰富度和多样性均较低，其中，优势树种在群落中所占比例较大，多形成稳定的原生或次生单优群落。群落的盖度多在 40% 以上，但不同地区、不同类型的灌木林群落盖度差异较大。由于高原环境复杂和灌木树种自身生长缓慢，西藏灌木林中大多数树种的高度多在 0.1m 至 6.0m 范围内，地径多在 1cm 至 5cm 范围内。研究还发现，在部分类型的灌木林中树高与地径之间呈现显著的幂函数曲线回归关系（张晓平，2014；张超，2009）。

西藏作为全国五大牧区之一，草地资源丰富，全区天然草地面积 8820.15 万 hm^2，约占西藏土地面积的 67%，约占全国天然草场面积的 26%，是西藏农耕地面积的 232 倍、各类林地面积的 11.4 倍，其中可利用草地面积为 7084.7 万 hm^2。西藏所处的特殊地理位置及其复杂的自然环境和气候条件造就了西藏草地类型的复杂性，全国 18 个草地类型中，西藏就有 17 个。除干热稀树灌草丛外，从热带、亚热带的次生草地到高寒草原，从湿润的沼泽、沼泽化草甸到干旱的荒漠化草原均有分布，是我国重要的绿色基因库和景观资源。高寒草地是西藏北部最重要的生态系统，约占西藏全区总草地面积的 38.9%，由耐旱多年生草本或小灌木组成，包括高寒草甸、高寒草甸草原、高寒草原、高寒荒漠草原和高寒荒漠，对西藏北部变化的环境十分敏感（Lu et al.，2015；Harris，2010）。高寒草原是西藏最具优势的生态系统，占西藏总面积的 70% 以上，主要由耐寒耐旱的多年生密丛型禾草，以及根茎型薹草和垫状的小半灌木植物所组成的高寒植物群落组成，物种组成相对简单，主要建群种有紫花针茅、固沙草、青藏薹草、羊茅、野青茅等（Sun et al.，2014）。高寒草甸是西藏第二大草地类型，约占西藏草地总面积的 31.3%，为以中生多年生草本植物为优势种的植物群落，主要分布在林线以上、高山冰雪带以下的高山带草地，主要建群种为高山嵩草、矮生嵩草、线叶嵩草、西藏嵩草等（Shang et al.，2016；Shi et al.，2010）。高寒荒漠草原约占西藏草原总面积的 10.7%，由生长于寒冷干旱气候的旱小灌木和小草组成，是西藏由草原向沙漠过渡的高寒草地类型（高小源和鲁旭阳，2020）。

为加强西藏生态环境建设与植物多样性保护力度，1997～2001 年，西藏开展了第一次重点保护野生植物资源调查，为开启利用、保护西藏生态环境的进程等提供了基础资料。2004 年，为应对青藏高原的草原退化问题，我国政府启动了"退耕还草"的政策。2014 年，西藏自治区气象部门为加强气候变化监测评估和气候可行性论证工作，进行了气候变化对草原、湖泊、森林、积雪等生态系统变化遥感定量化监测研究，国家开展了草原生态保护补助奖励机制效果评估工作。2021 年，科技部国家遥感中心签署了《科技部国家遥感中心、西藏自治区科学技术厅关于遥感科技援藏的战略合作协议》并进行了国家遥感中心西藏分部授牌仪式。"十二五"以来，西藏自治区出台了《西藏自治区 2011—2015 年造林

（营林）绿化工作指导意见》，并实施了退耕还林、重点区域生态公益建设、防护林体系建设、"两江四河"流域造林绿化等重点工程。2017 年，西藏自治区启动第二次全国重点保护野生植物资源调查，并确定桫椤、毛叶桫椤、西亚桫椤等 36 种野生植物作为调查对象，旨在掌握西藏自治区重点保护野生植物资源现状与动态变化、种群数量、分布范围、生存环境的受威胁状况与变化趋势，建立和更新西藏自治区重点保护野生植物资源数据库。此外，为有效保护西藏原生植物（小叶杜鹃、香柏、侧柏、圆柏、金露梅等），充分发挥其生态价值和水土保持、防风固沙等作用，切实维护高原生态系统原真性和完整性，西藏自治区人民政府发布了关于加强原生植物保护管理的通告。

1.6 土壤特征

西藏土壤类型多样，具有从热带到高山冰缘环境的各种土壤类型，大体可划分为两大系统：一个是大陆性荒漠土、草原土、草甸土系统（包括高原面上各种草被下发育的高寒土类）；另一个是海洋性森林土系统（包括藏东南和喜马拉雅山南翼各类森林以及高山灌丛植被下发育的土壤）。两大系统共有 29 个土类 70 个亚类 362 个土属 2238 个土种（中国科学院青藏高原综合科学考察队，1988）。其中，半数以上为西藏特有的高山土壤类型。受地形、气候及植被类型的影响，土壤类型在空间上呈现特有的水平和垂直地带分布格局。其中，在水平方向上，由东南向西北依次是山地铝铁土地带、山地淋溶土地带、高山草甸土地带、高山草原土地带及高山漠土地带，土壤类型由森林土壤（包括暗棕壤、砖红壤、黄壤等）至亚高山草甸土、高山草甸土、高山草原土、高山漠土逐渐演变（周银，2018）。垂直方向上，藏东南和藏西北呈现明显不同的分布，藏东南湿润山地依次为砖红壤、红壤、黄壤、黄棕壤、棕壤、暗棕壤（含灰化土）、寒冻土；藏西北土壤的垂直分布比较简单，主要是以冷钙土、寒钙土或者冷漠土为基带的垂直分布（西藏自治区土地管理局和西藏自治区畜牧局，1994；中国科学院青藏高原综合科学考察队，1988）。

综上所述，西藏地区土壤分布呈垂直趋势，主要表现为土壤矿物化学分解度低、黏粒含量及土壤养分含量减少、成土过程趋于年轻化等特征。此外，由于西藏地区在不同程度上还保存着古土壤的残留体，增加了土壤发生的多元性特质。同时，由于西藏土壤发育环境的复杂性，土壤中有机质积累和分解较为缓慢，除藏东南山地等湿热地区的森林生物作用显著、腐殖质化作用强、表面有机质含量较高外，高海拔地区由于温度较低，土壤微生物作用较微弱，土壤中有机质积累和分解、腐殖质化作用较为缓慢，土壤质量总体呈现恶化趋势（张超，2009）。

第2章 西藏藓类植物区系

植物区系是指某地区植物种类的总和，是植物界在一定自然历史与地理条件下共同作用的结果，也是植物在一定的自然历史环境中发展演化和时空分布的综合反映（刘佳等，2019；吴征镒等，2011）。研究某地植物区系的组成和分布区类型不仅有助于深入了解当地植物的起源、分布和环境变迁，也对划分植物濒危等级，保护珍稀濒危物种与植物多样性具有重要的意义，同时也可以为该地区植物资源的保护和开发利用提供重要的科学依据（史生晶等，2021；马全林等，2020；刘建泉等，2020）。

中国植物区系是世界各个国家或地区植物区系最为丰富多样和复杂的植物区系之一，吴征镒等（2003）统计整理出裸子植物 5 纲、被子植物 8 纲，共计 346 科3256 属 30 000 余种，其数量规模仅次于地处热带的哥伦比亚和巴西。而我国属种的多样性、古老度和分布区型的多样性则有过之而无不及，规模和复杂程度也超过欧洲、北美洲、俄罗斯，抑或可能超过非洲（除南非外）的大部分地区（吴征镒等，2011）。我国拥有如此丰富的植物区系不仅是由于我国广袤的土地，更因我国地跨热、温、寒三个气候带，东临太平洋，西北至中亚干旱内陆，西南高山众多，具有世界上海拔最高的高原——青藏高原（Krause et al.，2010；An，2000）。青藏高原包括西藏全部和青海、甘肃、四川、云南、新疆的部分，平均海拔超过 4000m（Miehe et al.，2007）。其中，西藏是青藏高原的主体，面积达 $1.2 \times 10^6 km^2$，占我国总陆地面积的 12.5%（Immerzeel et al.，2008），西藏复杂的地形地貌形成了独特的高海拔气候带，多样化的地形和气候类型增加了植被的物种组成（Song et al.，2015）。

目前，国外对于苔藓植物区系的研究主要集中在物种组成方面，涉及加拿大（Caners，2020）、美国（Morgan et al.，2020）、智利（Goffinet et al.，2020）、英国（Blockeel et al.，2021）、爱尔兰（Blockeel et al.，2021）、斯洛伐克（Mišíková et al.，2020）、墨西哥（Delgadillo-Moya，2020）、希腊（Blockeel，2020）、巴西（Ilkiu-Borges et al.，2020；Valente et al.，2020）、厄瓜多尔（Burghardt，2020）、意大利（Aleffi et al.，2020）、法国（Sotiaux et al.，2020）、阿根廷（Jiménez et al.，2020）、南非（Hedderson et al.，2020）、俄罗斯（Czernyadjeva ct al.，2020；Fedosov et al.，2020；Ignatova et al.，2020）等。我国苔藓植物的区系研究工作始于 20 世纪 80 年代，研究内容主要包括物种组成、优势科属、地理成分、物种相似性系数

的比较等多个方面，研究区域涉及河北、吉林、云南、辽宁等 27 个省份。研究资料涉及的地区有安徽的清凉峰国家级自然保护区（郑维发，1993）、黄山（吴明开等，2010）、天马国家级自然保护区（师雪芹和陈家伟，2012）、皖南地区（程前，2020），北京的鹫峰国家森林公园（王文和等，2006）、香山（田晔林等，2009）、东灵山（宋晓彤等，2018）、重庆的主城区（刘艳等，2015）、大巴山（刘艳和田尚，2017），福建的戴云山国家级自然保护区（吴文英，2012）、武夷山（官飞荣，2016），广东的梧桐山（贾渝等，2001）、石门台国家级自然保护区（何祖霞和张力，2005）、鼎湖山（范宗骥和黄忠良，2015）、南澳岛（王琪等，2020），广西的猫儿山国家级自然保护区（左勤等，2010）、那佐苏铁自然保护区（贾鹏等，2011），贵州的韭菜坪（项君等，2001）、百里杜鹃林区（彭晓馨，2002）、马岭河峡谷（赵传海，2006）、麻阳河国家级自然保护区（杨宁，2007）、雷公山（周艳，2007）、红水河谷地区（熊源新和闫晓丽，2008）、岩下大鲵自然保护区（邓佳佳等，2008）、安龙仙鹤坪州级自然保护区（王美会等，2010）、遵义市（何林等，2016；何林和李法锦，2010）、遵义海龙囤军事古堡（何林等，2011a）、毕节市罩子山和七星关区城郊林地（蒋洁云，2018；蒋洁云和杨廷生，2011）、大板水国家森林公园（何林等，2011b）、黔西南地区（王美会和熊源新，2012）、独山都柳江源湿地省级自然保护区（杨冰等，2013）、万佛山（苏金金等，2013）、盘县八大山（刘正东等，2013）、九龙瀑布群喀斯特河谷区（李晓娜等，2014）、梵净山（王美会等，2014）、思南县四野屯省级自然保护区（谈洪英等，2015a）、贵州印江洋溪省级自然保护区（刘良淑等，2015）、玉舍国家森林公园（谢斐等，2015）、苗岭（周书芹，2015）、斗篷山（钟世梅等，2015）、云雾山（崔再宁等，2015）、月亮山自然保护区（谈洪英等，2015b）、宽阔水国家级自然保护区（刘良淑，2016）、大方县老鹰岩（赵虹和熊源新，2016）、乌江东风水库（邓坦等，2017）、锦屏县（谈洪英等，2017）、喀斯特沟谷（谈洪英，2017）、佛顶山（杨冰等，2018）、赤水桫椤国家级自然保护区（彭涛等，2018），海南的尖峰岭（孙悦，2011）、黎母山省级自然保护区（秦鑫婷，2020），河北的雾灵山（纪俊侠和陈阜东，1986）、涞源山区（赵建成等，1997）、临城小天池（唐伟斌和李瑞国，2003）、小五台山（李敏等，2004）、滦河上游地区（李琳等，2006）、太行山猕猴国家级自然保护区（刘莹和牛景彦，2011）、塞罕坝国家级自然保护区（杜兴兰，2018），河南的大别山（叶永忠等，2003）、小秦岭国家级自然保护区（叶永忠等，2004），黑龙江的五大连池火山地区（王宇，2017；宋丽，2016；谢艳，2016；冯超，2013；寇瑾，2013）、凉水国家级自然保护区（杨洪升等，2017）、渤海国上京龙泉府宫城遗址（丛明旸等，2019），湖北的神农架（田春元等，1998）、武汉市（刘双喜等，2001）、浠水三角山地区（黄娟等，2003）、后河（彭丹等，2003）、九宫山（刘胜祥等，2003）、黄冈龙王山（王小琴等，2004）、黄冈大崎山森林公园（胡章喜等，2007）、香纸沟喀斯特区域（彭涛和张朝晖，2009）、星斗山国家级自然保护区（王小琴等，2010）、恩施七姊妹山（余夏君，2019）、木林子国家级自然保护区（洪柳等，2020）、清江流域（洪柳，2020），湖南的小溪国家级自然保护区（刘冰等，2010；姜业芳和吴翠珍，2007），吉林的甑峰山（康学耕，1986）、长白山（钱宏和高谦，1990），江苏的苏州和宜兴（王剑，2008）、昆山森林公园（杨琳和沈萍，2019），江西的马头山国家级自然保护区（季梦成等，2002）、阳际峰国家级自然保护区（严雄梁，2009）、南昌市城区（蔡奇英等，2014）、庐山（宋满珍等，2015）、鄱阳湖湿地（蔡奇英等，2016）、桃红岭梅花鹿国家级自然保护区（刘荣等，2017）、铜钹山（蔡奇英等，2018）、九连山国家级自然保护区（徐国良和曾晓辉，2021）、水浆省级自然保护区（孙世峰等，2021），辽宁的白石砬子（曹同等，1990）、医巫闾山国家级自然保护区（于晶等，2001）、沈阳市（陈龙等，2009），内蒙古的大青沟国家级自然保护区（韩淑美，2015；衣艳君等，1997）、七老图山（王瑶，2004）、贺兰山（王先道，2005）、燕山北部山地（田桂泉，2005）、浑善达克沙地（荆慧敏，2007）、大青山（贾晓敏，2010；白秀文和徐杰，2009）、赛罕乌拉国家级自然保护区（赵燕，2009）、九峰山（赫智霞，2012）、乌兰坝—石棚沟自然保护区（毕庚辰等，2013）、大兴安岭南部山地（萨如拉，2014）、额尔古纳国家级自然保护区（王挺杨等，2015）、呼锡高原（红霞和田桂泉，2016）、高格斯台罕乌拉国家级自然保护区（李阳，2016）、乌兰河地区（高佳，2016）、白云鄂博矿区（张小康，2016）、呼和浩特市（兰凯鲜和徐杰，2017）、阿拉善右旗山地（兰凯鲜，2017）、乌拉山（燕楠，2018）、桌子山和狼山（马月鑫，2019）、苏木山森林公园（杨艳妮，2019）、大兴安岭北部原始林区（高占军，2020），宁夏的沙坡头地区（王世冬等，2001），山东的沂山（孙立彦等，2000）、泰山（赵遵田等，2003）、昆嵛山（任昭杰等，2014），山西的管涔山（邱丽氚和谢树莲，1996）、庞泉沟（张二芳，2007）、黑茶山国家级自然保护区（王振军，2012），陕西的天华山国家级自然保护区（王诚吉等，2005）、太白山（宋鸣芳，2007）、翠华山（牛燕，2009）、牛背梁国家级自然保护区（田敏爵等，2010）、秦岭鸡窝子地区（刘敏，2011）、子午岭（王向川等，2012）、统万城遗址土夯城墙（李阳等，2017），四川的都江堰地区（何强，2005）、峨眉山（裴林英，2006）、贡嘎山（李祖凰，2012）、王朗国家级自然保护区（李洁等，2012），西藏的色季拉山（东主等，2018），新疆的博格达山（赵建成，1993）、三工河流域（张元明，2002）、和田慕士山区（龚佐山等，2010）、喀纳斯国家级自然保护区（买买提明·苏来曼等，2010）、阿尔泰山（买买提明·苏来曼等，2013）、喀喇昆仑山—西昆仑山（艾尼瓦尔·阿布都热依木等，2015）、新疆东部天山（古再丽努尔·阿布都艾尼，2015）、托木尔峰国家级自然保护区（古丽尼尕尔·艾依斯热洪等，2019），云南的昆明西山（李志敏，1988）、鸡足山（崔明昆和王跃华，1998）、无量山（彭华等，2001）、大围山（杨丽琼，2004；翟德逞，2004）、富宁县木洪大山（徐力等，2010）、罗平转长河谷喀斯特地区（李晓娜等，2015b）、罗平多依河景区（李晓娜等，2015a）、金平分水岭国家级自然保护区（李婷婷等，2018），浙江的凤阳山国家级自然保护区（张雪和朱瑞良，1997）、古田山自然保护区（田春元等，1999）、金华山（郭水良和曹同，2001）、杭州市（刘艳，2007）、大盘山国家级自然保护区（陈家伟等，2009）、杭州西湖风景名胜区（徐洪峰和王强，2014）、清凉峰（程丽媛等，2016）、舟山嵊泗列岛（蔡锦蓉，2017）、舟山马鞍列岛花鸟山岛（闫力畅等，2017）、舟山六横及其周边岛屿（王琦，2019）、舟山岱山及其周边岛屿（韦伟，2019）、天目山脉（郭嘉兴，2019）、舟山群岛（申琳等，2019）。关于苔藓植物区系的研究大多数是针对火山（冯超，2013；寇瑾，2013）、岛屿（王琪等，2020；申琳等，2019）、冰川（黄文专，2020）、云贵高原（曹威，2020）等特殊生境，以及森林公园和自然保护区（洪柳等，2021；徐国良和曾晓辉，2021）与原始林区和重要流域（高占军，2020；洪柳，2020）等物种多样性较高的生态系统。然而，除 20 世纪中国科学院青藏高原综合科学考察队对西藏苔藓植物科、属、种的整理外，有关西藏苔藓植物区系研究中的优势科属、地理成分的分析等均未见报道。本章通过对西藏藓类植物历史记录的整理，以及 2007～2019 年西藏藓类植物的系统调查、物种鉴定和数据分析，对西藏优势科属种及其地理成分进行了分析，以期反映西藏藓类植物与环境的关系，综合体现高原藓类的演化脉络，为西藏藓类植物资源的开发利用及物种多样性保护提供基础资料。

2.1 西藏藓类植物组成

通过对《西藏苔藓植物志》（中国科学院青藏高原综合科学考察队，1985）中物种的重新归并和整理，以及对西藏苔藓植物的系统调查和研究，共整理出西藏藓类植物 44 科 219 属 677 种（含种以下分类单位，下同），详见表 2-1，其中，有 18 个科仅含 1 个属，12 个属仅含 1 个种，分别占西藏藓类植物总科数、总属数的 40.9%、5.5%。

表 2-1 西藏藓类植物组成

科名	属数	种数（种）
丛藓科 Pottiaceae	32	143
真藓科 Bryaceae	10	79
曲尾藓科 Dicranaceae	16	40
青藓科 Brachytheciaceae	12	36
蔓藓科 Meteoriaceae	15	35
灰藓科 Hypnaceae	12	31
紫萼藓科 Grimmiaceae	8	31

续表

科名	属数	种数（种）
羽藓科 Thuidiaceae	11	27
提灯藓科 Mniaceae	4	27
金发藓科 Polytrichaceae	7	24
牛毛藓科 Ditrichaceae	7	20
柳叶藓科 Amblystegiaceae	9	18
棉藓科 Plagiotheciaceae	3	17
绢藓科 Entodontaceae	2	15
锦藓科 Sematophyllaceae	10	13
大帽藓科 Encalyptaceae	1	12
薄罗藓科 Leskeaceae	8	11
葫芦藓科 Funariaceae	3	11
塔藓科 Hylocomiaceae	6	9
木灵藓科 Orthotrichaceae	5	9
平藓科 Neckeraceae	4	8
白齿藓科 Leucodontaceae	4	8
碎米藓科 Fabroniaceae	2	7
凤尾藓科 Fissidentaceae	1	6
珠藓科 Bartramiaceae	2	5
泥炭藓科 Sphagnaceae	1	5
壶藓科 Splachnaceae	4	4
蕨藓科 Pterobryaceae	2	4
孔雀藓科 Hypopterygiaceae	3	3
缩叶藓科 Ptychomitriaceae	1	3
异齿藓科 Regmatodontaceae	1	2
黑藓科 Andreaeaceae	1	2
皱蒴藓科 Aulacomniaceae	1	1
隐蒴藓科 Cryphaeaceae	1	1
腋胞藓科 Pterigynandraceae	1	1
蝎尾藓科 Scorpidiaceae	1	1
小烛藓科 Bruchiaceae	1	1
万年藓科 Climaciaceae	1	1
美姿藓科 Timmiaceae	1	1
卷柏藓科 Racopilaceae	1	1
虎尾藓科 Hedwigiaceae	1	1
复边藓科 Cinclidotaceae	1	1
粗石藓科 Rhabdoweisiaceae	1	1
垂枝藓科 Rhytidiaceae	1	1
合计	219	677

2.2 西藏藓类植物优势科属分析

2.2.1 优势科

西藏藓类植物含 30 种及以上的科共 7 个(图 2-1),分别是丛藓科(32 属 143 种)、真藓科(10 属 79 种)、曲尾藓科(16 属 40 种)、青藓科(12 属 36 种)、蔓藓科(15 属 35 种)、灰藓科(12 属 31 种)、紫萼藓科(8 属 31 种)。这 7 科 105 属 395 种,约占西藏藓类植物总科数的 15.9%、总属数的 47.9%、总种数的 58.3%,代表了西藏藓类植物的主要类群。其余 37 科共计 114 属 282 种,约占西藏藓类植物总科数的 84.1%、总属数的 52.1%、总种数的 41.7%。

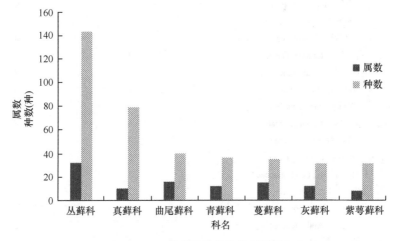

图 2-1 西藏藓类植物优势科组成

鉴于丛藓科是西藏物种组成最多的优势科,我们后续又深入研究了西藏丛藓科植物。《西藏苔藓植物志》(中国科学院青藏高原综合科学考察队,1985)收录了西藏丛藓科植物 26 属 97 种。通过查看资料和凭证标本信息发现,这部分标本主要采集于 1960~1982 年。参照密苏里植物园资料库(https://www.tropicos.org/home)和世界植物名录(https://wfoplantlist.org/plant-list)按照新分类标准规定和划分后得到《西藏苔藓植物志》中的丛藓科植物有 27 属 88 种。随着西藏藓类植物的系统调查、形态学研究的不断深入以及分子技术的应用,团队于 2022 年共整理出西藏丛藓科植物 32 属 143 种,部分新种、中国新记录属种及西藏新分布种虽已发表,但密苏里植物园资料库和世界植物名录并未完成物种更新。丛藓科新种和新记录种的信息详见第 3 章。

2.2.2　优势属

西藏藓类植物含 5 种及以上的属共 36 个，分别是真藓属 *Bryum*（42 种）、对齿藓属 *Didymodon*（24 种）、墙藓属 *Tortula*（20 种）、青藓属 *Brachythecium*（19 种）、丝瓜藓属 *Pohlia*（17 种）、紫萼藓属 *Grimmia*（15 种）、棉藓属 *Plagiothecium*（15 种）、绢藓属 *Entodon*（14 种）、提灯藓属 *Mnium*（14 种）、扭口藓属 *Barbula*（13 种）、牛毛藓属 *Ditrichum*（12 种）、大帽藓属 *Encalypta*（12 种）、红叶藓属 *Bryoerythrophyllum*（11 种）、赤藓属 *Syntrichia*（11 种）、灰藓属 *Hypnum*（9 种）、匐灯藓属 *Plagiomnium*（8 种）、毛口藓属 *Trichostomum*（8 种）、短月藓属 *Brachymenium*（7 种）、小金发藓属 *Pogonatum*（7 种）、拟金发藓属 *Polytrichastrum*（7 种）、小石藓属 *Weissia*（7 种）、碎米藓属 *Fabronia*（6 种）、凤尾藓属 *Fissidens*（6 种）、葫芦藓属 *Funaria*（6 种）、羽藓属 *Thuidium*（6 种）、细湿藓属 *Campylium*（5 种）、青毛藓属 *Dicranodontium*（5 种）、对叶藓属 *Distichium*（5 种）、砂藓属 *Racomitrium*（5 种）、毛灰藓属 *Homomallium*（5 种）、蔓藓属 *Meteorium*（5 种）、松萝藓属 *Papillaria*（5 种）、金发藓属 *Polytrichum*（5 种）、丛本藓属 *Anoectangium*（5 种）、泥炭藓属 *Sphagnum*（5 种）、牛舌藓属 *Anomodon*（5 种），共计 371 种，占西藏藓类植物总属数的 16.4%、总种数的 54.8%。种数低于 5 种的属共 183 个，包含 306 种，占西藏藓类植物总属数的 83.6%、总种数的 45.2%。

2.3　西藏藓类植物地理成分分析

参照《中国种子植物区系地理》（吴征镒等，2011）对中国种子植物属的分布区类型的划分意见，结合西藏藓类植物分布的特点，可以将西藏藓类植物的地理成分划分为 12 个分布区类型，包括世界分布，泛热带分布，热带亚洲和热带美洲洲际间断分布，旧世界热带分布，热带亚洲至热带澳大利亚分布，北温带广布，东亚—北美间断分布，旧世界温带分布，温带亚洲分布，中亚、西亚至地中海分布，东亚分布，中国特有分布（表 2-2）。

表 2-2　西藏藓类植物的分布区类型及其包含的种数

科名	种数（种）	占西藏藓类植物的比例（%）
世界分布	82	12.11
泛热带分布	18	2.66
热带亚洲和热带美洲洲际间断分布	5	0.74
旧世界热带分布	5	0.74
热带亚洲至热带澳大利亚分布	2	0.30

续表

科名	种数（种）	占西藏藓类植物的比例（%）
北温带广布	223	32.94
东亚—北美间断分布	31	4.58
旧世界温带分布	17	2.51
温带亚洲分布	21	3.10
中亚、西亚至地中海分布	1	0.15
东亚分布	190	28.06
中国特有分布	82	12.11

2.3.1 世界分布

世界分布是指几乎遍布世界各大洲而没有特殊分布中心的种。西藏该分布型共有 82 种（含变种），占西藏藓类植物总种数的 12.11%，分别为角齿藓 *Ceratodon purpureus* (Hedw.) Brid.、柳叶藓 *Amblystegium serpens* (Hedw.) Schimp.、牛角藓 *Cratoneuron filicinum* (Hedw.) Spruce、钩枝镰刀藓 *Drepanocladus uncinatus* (Hedw.) Warnst.、薄网藓 *Leptodictyum riparium* (Hedw.) Warnst.、欧黑藓 *Andreaea rupestris* Hedw.、皱蒴藓 *Aulacomnium palustre* (Hedw.) Schwägr.、亮叶珠藓 *Bartramia halleriana* Hedw.、长蒴藓 *Trematodon longicollis* Michx.、绒叶青藓 *Brachythecium velutinum* (Hedw.) Schimp.、银藓 *Anomobryum filiforme* (Griff.) A. Jaeger、纤枝短月藓 *Brachymenium exile* (Dozy & Molk.) Bosch & Sande Lac.、尖叶短月藓 *Brachymenium acuminatum* Harv.、弯蒴真藓 *Bryum archangelicum* Bruch & Schimp.、真藓 *Bryum argentatum* Hedw.、丛生真藓 *Bryum caespiticium* Hedw.、刺叶真藓 *Bryum cirrhatum* Hoppe & Hornsch.、双色真藓 *Bryum dichotomum* Hedw.、灰黄真藓 *Bryum pallens* Sw.、黄色真藓 *Bryum pallescens* Schleich. ex Schwägr.、球根真藓 *Bryum radiculosum* Brid.、球蒴真藓 *Bryum turbinatum* (Hedw.) Turner、狭网真藓 *Bryum angustirete* Kindb.、细叶真藓 *Bryum capillare* Hedw.、卵叶真藓 *Bryum calophyllum* R. Br.、薄囊藓 *Leptobryum pyriforme* (Hedw.) Wilson、平蒴藓 *Plagiobryum zierii* (Hedw.) Lindb.、泛生丝瓜藓 *Pohlia cruda* (Hedw.) Lindb.、黄丝瓜藓 *Pohlia nutans* (Hedw.) Lindb.、丝瓜藓 *Pohlia elongata* Hedw.、*Ptychostomum capillare* (Hedw.) Holyoak & N. Pedersen、大叶藓 *Rhodobryum roseum* (Hedw.) Limpr.、脆枝曲柄藓 *Campylopus fragilis* (Brid.) Bruch & Schimp.、对叶藓 *Distichium capillaceum* (Hedw.) Bruch & Schimp.、石缝藓 *Saelania glaucescens* (Hedw.) Broth.、钝叶大帽藓 *Encalypta vulgaris* Hedw.、大帽藓 *Encalypta ciliata* Hedw.、长柄绢藓 *Entodon macropodus* (Hedw.) Müll. Hal.、小凤尾藓 *Fissidens bryoides* Hedw.、葫芦藓 *Funaria hygrometrica* Hedw.、尖顶紫萼藓

Grimmia fuscolutea Hook.、近缘紫萼藓 *Grimmia longirostris* Hook.、卵叶紫萼藓 *Grimmia ovalis* (Hedw.) Lindb.、卷边紫萼藓 *Grimmia donniana* Sm.、垫丛紫萼藓 *Grimmia pulvinata* (Hedw.) Sm.、白毛砂藓 *Racomitrium lanuginosum* (Hedw.) Brid.、圆蒴连轴藓 *Schistidium apocarpum* (Hedw.) Bruch & Schimp.、溪岸连轴藓 *Schistidium rivulare* (Brid.) Podp.、虎尾藓 *Hedwigia ciliata* (Hedw.) Boucher、大湿原藓 *Calliergonella cuspidata* (Hedw.) Loeske、长肋细湿藓 *Campylium polygamum* (Schimp.) Lange & C.E.O. Jensen、镰刀藓 *Drepanocladus aduncus* (Hedw.) Warnst.、梨蒴珠藓 *Bartramia pomiformis* Hedw.、灰藓 *Hypnum cupressiforme* Hedw.、多蒴灰藓 *Hypnum fertile* Sendtn.、匍枝残齿藓 *Forsstroemia sinensis* var. *minor* Broth.、鳞叶藓 *Taxiphyllum taxirameum* (Mitt.) M. Fleisch.、小树平藓 *Homaliodendron exiguum* (Bosch & Sande Lac.) M. Fleisch.、卷叶藓 *Ulota crispa* (Hedw.) Brid.、拟金发藓 *Polytrichastrum alpinum* (Hedw.) G.L. Sm.、金发藓 *Polytrichum commune* Hedw.、桧叶金发藓 *Polytrichum juniperinum* Hedw.、毛尖金发藓 *Polytrichum piliferum* Hedw.、钝叶芦荟藓 *Aloina rigida* (Hedw.) Limpr.、小扭口藓 *Barbula indica* (Hook.) Spreng.、*Barbula rigidula* (Hedw.) Mitt.、扭口藓 *Barbula unguiculata* Hedw.、红叶藓 *Bryoerythrophyllum recurvirostrum* (Hedw.) P.C. Chen、陈氏藓 *Chenia leptophylla* (Müll. Hal.) R.H. Zander、硬叶对齿藓 *Didymodon rigidulus* Hedw.、硬叶对齿藓尖叶变种 *Didymodon rigidulus* var. *ditrichoides* (Broth.) R.H. Zander、净口藓 *Gymnostomum calcareum* Nees & Hornsch.、立膜藓 *Hymenostylium recurvirostrum* (Hedw.) Dixon、大赤藓 *Syntrichia princeps* (De Not.) Mitt.、山赤藓 *Syntrichia ruralis* (Hedw.) F. Weber & D. Mohr、小石藓 *Weissia controversa* Hedw.、波边毛口藓 *Trichostomum tenuirostre* (Hook. & Taylor) Lindb.、羊角藓 *Herpetineuron toccoae* (Sull. & Lesq.) Cardot、薄壁卷柏藓 *Racopilum cuspidigerum* (Schwägr.) Ångström、三洋藓 *Sanionia uncinata* (Hedw.) Loeske、全缘又羽藓 *Leptopterigynandrum subintegrum* (Mitt.) Broth.、大羽藓 *Thuidium cymbifolium* (Dozy & Molk.) Dozy & Molk.。

世界广布种的生态辐宽，适应性强，既可以适应赤道气候，又可以适应两极冰域，既有耐热性，又有抗寒性。该分布型是在古近纪和新近纪、第四纪冰期中形成的分布区主体，而后推向两极。但由于该分布型没有中心分布区，也不能清楚地反映物种分布与环境的关系，因此常被排除在区系统计分析之外（吴征镒等，2011）。

2.3.2　泛热带分布

泛热带分布是指广泛分布在全球热带地区的热带植物类型，其中最典型的分布区往往呈现三斜带式，即有亚、澳中心，非、印中心，以及中南美中心三大中心（吴征镒等，2011）。西藏该分布型共有 18 种，占西藏藓类植物总种数的 2.66%，分别为褶叶藓 *Palamocladium sciureum* (Mitt.) Broth.、比拉真藓 *Bryum billarderi* Schwägr.、柔叶真藓 *Bryum cellulare* Hook.、蕊形真藓 *Bryum coronatum* Schwägr.、暖地大叶藓 *Rhodobryum giganteum* (Schwägr.) Paris、扭柄藓 *Campylopodium medium* (Duby) Giese & J.-P. Frahm、阿萨姆曲尾藓 *Dicranum assamicum* Dixon、荷包藓 *Garckea phascoides* (Hook.) Müll. Hal.、柱鞘苞领藓 *Holomitrium cylindraceum* (P. Beauv.) Wijk & Margad.、丝带藓 *Floribundaria floribunda* (Dozy & Molk.) M. Fleisch.、黄色斜齿藓 *Campylodontium flavescens* (Hook.) Bosch & Sande Lac.、垂蒴棉藓 *Plagiothecium nemorale* (Mitt.) A. Jaeger、南亚变齿藓 *Zygodon reinwardtii* (Hornsch.) A. Braun、砂地扭口藓 *Barbula arcuata* Griff.、立膜藓橙色变种 *Hymenostylium recurvirostrum* var. *cylindricum* (E.B. Bartram) R.H. Zander、卷叶湿地藓 *Hyophila involuta* (Hook.) A. Jaeger、矮锦藓 *Sematophyllum subhumile* (Müll. Hal.) M. Fleisch.、锦藓 *Sematophyllum subpinnatum* (Brid.) E. Britton。该分布型可能是从两个热带中心分别起源，其分布可达亚热带甚至暖温带。

2.3.3 热带亚洲和热带美洲洲际间断分布

热带亚洲和热带美洲洲际间断分布指的是间断分布于美洲和亚洲暖温带地区的热带物种，在东半球可延伸到澳大利亚东北部或西南太平洋岛屿，该分布型长期以来被植物地理学者所忽略（吴征镒等，2011）。西藏该分布型仅有 5 种，占西藏藓类植物总种数的 0.74%，分别为拟纤枝真藓 *Bryum petelotii* Thér. & R. Henry、绢藓 *Entodon cladorrhizans* (Hedw.) Müll. Hal.、大灰藓 *Hypnum plumaeforme* Wilson、小扭叶藓 *Trachypus humilis* Lindb.、细枝直叶藓 *Macrocoma sullivantii* (Müll. Hal.) Grout.。

2.3.4 旧世界热带分布

旧世界热带分布指分布范围包括亚洲、大洋洲、非洲三大洲上热带广布的物种。该分布型可能是由于从热带扩散到亚热带、暖温带和温带的缘故，相较于热带亚洲和热带美洲洲际间断分布更为复杂，也可能是从古热带植物区中直接蜕变而成（吴征镒等，2011）。西藏共有 5 种属于旧世界热带分布，仅占西藏藓类植物总种数的 0.74%。这 5 个种分别为金黄银藓 *Anomobryum auratum* (Mitt.) A. Jaeger、云南丝瓜藓 *Pohlia yunnanensis* (Besch.) Broth.、纤细梨蒴藓 *Entosthodon gracilis* Hook. f. & Wilson、刀叶树平藓 *Homaliodendron scalpellifolium* (Mitt.) M. Fleisch.、糙柄鹤嘴藓 *Pelekium minusculum* (Mitt.) A. Touw。该分布型物种较其他分布区物种更为古老。

2.3.5　热带亚洲至热带澳大利亚分布

热带亚洲至热带澳大利亚分布是指分布在热带亚洲和大洋洲的物种，位于旧世界热带区域的西翼，即从热带非洲至印度、马来西亚（吴征镒等，2011）。西藏该分布型有 2 种，占西藏藓类植物总种数的 0.30%，为宽叶短月藓 *Brachymenium capitulatum* (Mitt.) Paris 和纤枝同叶藓 *Isopterygium minutirameum* (Müll. Hal.) A. Jaeger。该分布型物种可能是古南大陆的固有种类。

2.3.6　北温带广布

北温带广布指广泛分布于欧洲、亚洲、北美洲温带地区的物种。北温带广布物种在西藏藓类植物地理成分中所占比例最高，该分布型的区系特征也十分明显。西藏共有 223 种（含变种）属于该分布型，占西藏藓类植物总种数的 32.94%，分别为柳叶藓长叶变种 *Amblystegium juratzkanum* Schimp.、多姿柳叶藓 *Amblystegium varium* (Hedw.) Lindb.、湿原藓 *Calliergon cordifolium* (Hedw.) Kindb.、弯叶大湿原藓 *Calliergonella lindbergii* (Mitt.) Hedenäs、黄叶细湿藓 *Campylium chrysophyllum* (Brid.) Lange、细湿藓 *Campylium hispidulum* (Brid.) Mitt.、仰叶细湿藓 *Campylium stellatum* (Hedw.) C.E.O. Jensen、长肋细湿藓静水变种 *Campylium polygamum* var. *stagnatum* Dixon、扭叶镰刀藓 *Drepanocladus revolvens* (Sw.) Warnst.、水灰藓 *Hygrohypnum luridum* (Hedw.) Jenn.、褐黄水灰藓 *Hygrohypnum ochraceum* (Turner ex Wilson) Loeske、钝叶水灰藓 *Hygrohypnum smithii* (Sw.) Broth.、沼地藓 *Palustriella commutata* (Hedw.) Ochyra、褶叶拟湿原藓 *Pseudocalliergon lycopodioides* (Brid.) Hedenäs、泽藓 *Philonotis fontana* (Hedw.) Brid.、平珠藓 *Plagiopus oederi* (Brid.) Limpr.、青藓 *Brachythecium albicans* (Hedw.) Schimp.、田野青藓 *Brachythecium campestre* (Müll. Hal.) Schimp.、羽枝青藓 *Brachythecium plumosum* (Hedw.) Schimp.、褶叶青藓 *Brachythecium salebrosum* (Hoffm. ex F. Weber & D. Mohr) Schimp.、冰川青藓 *Brachythecium glaciale* Schimp.、林地青藓 *Brachythecium starkii* (Brid.) Schimp.、长肋青藓 *Brachythecium populeum* (Hedw.) Schimp.、弯叶青藓 *Brachythecium reflexum* (Starke) Schimp.、斜蒴藓 *Camptothecium lutescens* (Hedw.) Schimp.、短尖美喙藓 *Eurhynchium striatum* (Schreb. ex Hedw.) Schimp.、匙叶毛尖藓 *Cirriphyllum cirrosum* (Schwägr.) Grout、鼠尾藓 *Myuroclada maximowiczii* (G.G. Borshch.) Steere & W.B. Schofield、燕尾藓 *Bryhnia novae-angliae* (Sull. & Lesq.) Grout、毛青藓 *Tomentypnum nitens* (Hedw.) Loeske、极地真藓 *Bryum arcticum* (R. Br.) Bruch & Schimp.、卵蒴真藓 *Bryum blindii* Bruch & Schimp.、圆叶

真藓 *Bryum cyclophyllum* (Schwägr.) Bruch & Schimp.、紫色真藓 *Bryum purpurascens* (R. Br.) Bruch & Schimp.、垂蒴真藓 *Bryum uliginosum* (Brid.) Bruch & Schimp.、沼生真藓 *Bryum knowltonii* Barnes、长柄真藓 *Bryum longisetum* Blandow ex Schwägr.、橙色真藓 *Bryum rutilans* Brid.、小叶藓 *Epipterygium tozeri* (Grev.) Lindb.、拟长蒴丝瓜藓 *Pohlia longicolla* (Hedw.) Lindb.、勒氏丝瓜藓 *Pohlia ludwigii* (Spreng. ex Schwägr.) Broth.、卵蒴丝瓜藓 *Pohlia proligera* (Kindb.) S.O. Lindberg ex Arnell、林地丝瓜藓 *Pohlia drummondii* (Müll. Hal.) A.L. Andrews、糙枝丝瓜藓 *Pohlia camptotrachela* (Renauld & Cardot) Broth.、小丝瓜藓 *Pohlia crudoides* (Sull. & Lesq.) Broth.、复边藓 *Cinclidotus fontinaloides* (Hedw.) P. Beauv.、万年藓 *Climacium dendroides* (Hedw.) F. Weber & D. Mohr、缺齿藓 *Mielichhoferia mielichhoferiana* (Funck) Loeske、东亚昂氏藓 *Aongstroemia orientalis* Mitt.、北方极地藓 *Arctoa hyperborea* (Gunnerus ex With.) Bruch & Schimp.、白氏藓 *Brothera leana* (Sull.) Müll. Hal.、辛氏曲柄藓 *Campylopus schimperi* J. Milde、狗牙藓 *Cynodontium gracilescens* (F. Weber & D. Mohr) Schimp.、变型小曲尾藓 *Dicranella varia* (Hedw.) Schimp.、粗叶青毛藓 *Dicranodontium asperulum* (Mitt.) Broth.、青毛藓 *Dicranodontium denudatum* (Brid.) E. Britton、卷毛藓 *Dicranoweisia crispula* (Hedw.) Milde、大曲尾藓 *Dicranum drummondii* Müll. Hal.、折叶曲尾藓 *Dicranum fragilifolium* Lindb.、格陵兰曲尾藓 *Dicranum groenlandicum* Brid.、细叶曲尾藓 *Dicranum muehlenbeckii* Bruch & Schimp.、直毛曲尾藓 *Dicranum montanum* Hedw.、曲尾藓 *Dicranum scoparium* Hedw.、鞭枝曲尾藓 *Dicranum flagellare* Hedw.、齿肋曲尾藓 *Dicranum spurium* Hedw.、多蒴曲尾藓 *Dicranum majus* Turner、大曲背藓 *Oncophorus virens* (Hedw.) Brid.、曲背藓 *Oncophorus wahlenbergii* Brid.、硬叶拟白发藓 *Paraleucobryum enerve* (Thed.) Loeske、疣肋拟白发藓 *Paraleucobryum schwarzii* (Schimp.) C. Gao & Vitt、长叶拟白发藓 *Paraleucobryum longifolium* (Ehrh. ex Hedw.) Loeske、合睫藓 *Symblepharis vaginata* (Hook. ex Harv.) Wijk & Margad.、小对叶藓 *Distichium hagenii* Ryan ex H. Philib.、细牛毛藓 *Ditrichum flexicaule* (Schwägr.) Hampe.、细叶牛毛藓 *Ditrichum pusillum* (Hedw.) Hampe、*Encalypta pilifera* Funck、尖叶大帽藓 *Encalypta rhabdocarpa* Schwäegr.、剑叶大帽藓 *Encalypta spathulata* Müll. Hal.、高山大帽藓 *Encalypta alpina* Sm.、绢藓、密叶绢藓 *Entodon compressus* (Hedw.) Müll. Hal.、碎米藓 *Fabronia pusilla* Raddi、卷叶凤尾藓 *Fissidens dubius* P. Beauv.、大叶凤尾藓 *Fissidens grandifrons* Brid.、梨蒴藓 *Entosthodon attenuatus* (Dicks.) Bryhn、小口葫芦藓 *Funaria microstoma* Bruch ex Schimp.、狭叶葫芦藓 *Funaria attenuata* (Dicks.) Lindb.、*Bucklandiella heterosticha* (Hedw.) Bedn.-Ochyra & Ochyra、无齿紫萼藓 *Grimmia anodon* Bruch & Schimp.、南欧紫萼藓 *Grimmia tergestina* Tomm. ex B.S.G.、高地紫萼藓 *Grimmia alpestris* (F. Weber &

D. Mohr) Schleich.、阔叶紫萼藓 *Grimmia laevigata* (Brid.) Brid.、卷叶紫萼藓 *Grimmia incurva* Schwägr.、高山紫萼藓 *Grimmia montana* Bruch & Schimp.、长枝长齿藓 *Niphotrichum ericoides* (Brid.) Bedn.-Ochyra & Ochyra、黄无尖藓 *Codriophorus anomodontoides* (Cardot) Bedn.-Ochyra & Ochyra、高山矮齿藓 *Bucklandiella sudetica* (Funck) Bedn.-Ochyra & Ochyra、异枝砂藓 *Racomitrium heterostichum* (Hedw.) Brid.、小蒴砂藓 *Racomitrium microcarpum* (Hedw.) Brid.、仰叶星塔藓 *Hylocomiastrum umbratum* (Hedw.) M. Fleisch. ex Broth.、塔藓 *Hylocomium splendens* (Hedw.) Schimp.、拟垂枝藓 *Rhytidiadelphus triquetrus* (Hedw.) Warnst.、东亚毛灰藓 *Homomallium connexum* (Cardot.) Broth.、毛灰藓 *Homomallium incurvatum* (Schrad. ex Brid.) Loeske、尖叶灰藓 *Hypnum callichroum* Brid.、弯叶灰藓 *Hypnum hamulosum* Schimp.、黄灰藓 *Hypnum pallescens* (Hedw.) P. Beauv.、卷叶灰藓 *Hypnum revolutum* (Mitt.) Lindb.、毛梳藓 *Ptilium crista-castrensis* (Hedw.) De Not.、金灰藓 *Pylaisia polyantha* (Hedw.) Schimp.、北方金灰藓 *Pylaisiella selwynii* (Kindb.) H.A. Crum，Steere & L.E. Anderson、柔齿藓 *Habrodon perpusillus* (De Not.) Lindb.、弯叶多毛藓 *Lescuraea incurvata* (Hedw.) E. Lawton、细罗藓 *Leskeella nervosa* (Brid.) Loeske、细枝藓 *Lindbergia brachyptera* (Mitt.) Kindb.、假丛灰藓 *Pseudostereodon procerrimus* (Molendo) M. Fleisch.、假细罗藓 *Pseudoleskeella catenulata* (Brid. ex Schrad.) Kindb.、瓦叶假细罗藓 *Pseudoleskeella tectorum* (Funck ex Brid.) Kindb. ex Broth.、长枝褶藓 *Okamuraea hakoniensis* (Mitt.) Broth.、刺叶提灯藓 *Mnium spinosum* (Voit) Schwägr.、偏叶提灯藓 *Mnium thomsonii* Schimp.、异叶提灯藓 *Mnium heterophyllum* (Hook.) Schwägr.、长叶提灯藓 *Mnium lycopodioides* Schwägr.、具缘提灯藓 *Mnium marginatum* (With.) P. Beauv.、多蒴匐灯藓 *Mnium medium* Bruch & Schimp.、匐灯藓 *Plagiomnium cuspidatum* (Hedw.) T.J. Kop.、钝叶匐灯藓 *Plagiomnium rostratum* (Schrad.) T.J. Kop.、粗齿匐灯藓 *Plagiomnium drummondii* (Bruch & Schimp.) T.J. Kop.、拟木灵藓 *Orthotrichum affine* Schrad. ex Brid.、木灵藓 *Orthotrichum anomalum* Hedw.、黄木灵藓 *Orthotrichum speciosum* Nees、条纹木灵藓 *Orthotrichum striatum* Hedw.、毛尖棉藓 *Plagiothecium piliferum* (Sw.) Schimp.、光泽棉藓 *Plagiothecium laetum* Schimp.、棉藓 *Plagiothecium denticulatum* (Hedw.) Schimp.、圆条棉藓 *Plagiothecium caviifolium* (Brid.) Z. Iwats.、扁平棉藓 *Plagiothecium neckeroideum* Schimp.、圆叶棉藓 *Plagiothecium paleaceum* (Mitt.) A. Jaeger、波叶棉藓 *Plagiothecium undulatum* (Hedw.) Schimp.、异蒴藓 *Lyellia crispa* R. Br.、疣小金发藓 *Pogonatum urnigerum* (Hedw.) P. Beauv.、长枊拟金发藓 *Polytrichastrum sexangulare* (Flörke ex Brid.) G.L. Sm.、小金发藓 *Pogonatum aloides* (Hedw.) P. Beauv.、台湾拟金发藓 *Polytrichastrum formosum* (Hedw.) G.L. Smith、细叶拟金发藓 *Polytrichastrum longisetum* (Sw. ex Brid.) G.L. Sm.、多形拟金发藓

Polytrichastrum ohioense (Renauld & Cardot) G.L. Sm.、短喙芦荟藓 *Aloina brevirostris* (Hook. & Grev.) Kindb.、钝叶芦荟藓、丛本藓 *Anoectangium aestivum* (Hedw.) Mitt.、卷叶丛本藓 *Anoectangium thomsonii* Mitt.、高山红叶藓 *Bryoerythrophyllum alpigenum* (Vent.) P.C. Chen、单胞红叶藓 *Bryoerythrophyllum inaequalifolium* (Taylor) R.H. Zander、厚肋流苏藓 *Crossidium crassinervium* (De Not.) Jur.、绿色流苏藓 *Crossidium squamiferum* (Viv.) Jur.、红对齿藓 *Didymodon asperifolius* (Mitt.) H.A. Crum, Steere & L.E. Anderson、北地对齿藓 *Didymodon fallax* (Hedw.) R.H. Zander、反叶对齿藓 *Didymodon ferrugineus* (Schimp. ex Besch.) M.O. Hill、细肋对齿藓 *Didymodon icmadophilus* (Schimp. ex Müll. Hal.) K. Saito、黑叶对齿藓 *Didymodon subandreaeoides* (Kindb.) R.H. Zander、灰土对齿藓 *Didymodon tophaceus* (Brid.) Lisa、土生对齿藓 *Didymodon vinealis* (Brid.) R.H. Zander、大对齿藓 *Didymodon giganteus* (Funck) Jur.、*Didymodon rigidulus* var. *gracilis* (Schleich. ex Hook. & Grev.) R.H. Zander、尖锐对齿藓 *Didymodon acutus* (Brid.) K. Saito、铜绿净口藓 *Gymnostomum aeruginosum* Sm.、钩喙净口藓 *Gymnostomum recurvirostre* Hedw.、立膜藓硬叶变种 *Hymenostylium recurvirostrum* var. *insigne* (Dixon) E.B. Bartram、厚壁薄齿藓 *Leptodontium flexifolium* (Dicks.) Hampe、刺孢细丛藓 *Microbryum davallianum* (Sm.) R.H. Zander、刺胞细丛藓残齿变种 *Microbryum davallianum* var. *conicum* (Schleich. ex Schwägr.) R.H. Zander、高山大丛藓 *Molendoa sendtneriana* (Bruch & Schimp.) Limpr.、卵叶盐土藓 *Pterygoneurum ovatum* (Hedw.) Dixon、盐土藓 *Pterygoneurum subsessile* (Brid.) Jur.、石芽藓 *Stegonia latifolia* (Schwägr.) Venturi ex Broth.、齿肋赤藓 *Syntrichia caninervis* Mitt.、希氏赤藓 *Syntrichia fragilis* (Taylor) Ochyra、疏齿赤藓 *Syntrichia norvegica* F. Weber、高山赤藓 *Syntrichia sinensis* (Müll. Hal.) Ochyra、树生赤藓 *Syntrichia laevipila* Brid.、反纽藓 *Timmiella anomala* (Bruch & Schimp.) Limpr.、纽藓 *Tortella humilis* (Hedw.) Jenn.、长叶纽藓 *Tortella tortuosa* (Hedw.) Limpr.、长尖墙藓 *Tortula hoppeana* (Schultz) Ochyra、北方墙藓 *Tortula leucostoma* (R. Br.) Hook. & Grev.、球蒴墙藓 *Tortula acaulon* (With.) R.H. Zander、*Tortula brevissima* Schiffn.、狭叶墙藓 *Tortula cernua* (Huebener) Lindb.、具边墙藓 *Tortula laureri* (Schultz) Lindb.、短齿墙藓 *Tortula modica* R.H. Zander、泛生墙藓 *Tortula muralis* Hedw.、无疣墙藓 *Tortula mucronifolia* Schwägr.、合柱墙藓 *Tortula systylia* (Schimp.) Lindb.、墙藓 *Tortula subulata* Hedw.、毛口藓 *Trichostomum brachydontium* Bruch、皱叶毛口藓 *Trichostomum crispulum* Bruch、小口小石藓 *Weissia microstoma* Hornsch. ex Nees & Hornsch.、中华粗石藓 *Rhabdoweisia sinensis* P.C. Chen、垂枝藓 *Rhytidium rugosum* (Hedw.) Kindb.、狭叶顶胞藓 *Acroporium lamprophyllum* Mitt.、白齿泥炭藓 *Sphagnum girgensohnii* Russow、并齿藓 *Tetraplodon mnioides* (Hedw.) Bruch & Schimp.、大壶

藓 *Splachnum ampullaceum* Hedw.、壶藓 *Splachnum vasculosum* Hedw.、隐壶藓 *Voitia nivalis* Hornsch.、山羽藓 *Abietinella abietina* (Hedw.) M. Fleisch.、皱叶牛舌藓 *Anomodon rugelii* (Müll. Hal.) Keissl.、碎叶牛舌藓 *Anomodon thraustus* Müll. Hal.、牛舌藓 *Anomodon viticulosus* (Hedw.) Hook. & Taylor、尖叶小壶藓 *Tayloria acuminata* Hornsch.、狭叶小羽藓 *Haplocladium angustifolium* (Hampe & Müll. Hal.) Broth.、细叶小羽藓 *Haplocladium microphyllum* (Hedw.) Broth.、绿羽藓 *Thuidium assimile* (Mitt.) A. Jaeg.、喙叶泥炭藓 *Sphagnum recurvum* P. Beauv.、广舌泥炭藓 *Sphagnum russowii* Warnst.、高栉小赤藓 *Oligotrichum aligerum* Mitt.、南方美姿藓 *Timmia austriaca* Hedw.、西藏葫芦藓 *Funaria orthocarpa* Mitt.、立碗藓 *Physcomitrium sphaericum* (C. Ludw.) Brid.、厚边紫萼藓 *Grimmia unicolor* Hook.、无轴藓 *Archidium alternifolium* (Dicks. ex Hedw.) Schimp.、牛毛藓 *Ditrichum heteromallum* (Hedw.) E. Britton、扭叶牛毛藓 *Ditrichum gracile* (Mitt.) Kuntze、史贝小曲尾藓 *Dicranella schreberiana* (Hedw.) Hilf. ex H.A. Crum & L.E. Anderson。

　　该分布型物种绝大部分属于古北大陆的特有定居种，但由于历史和地质地貌变迁等原因，物种经过热带高山迁移到南温带，甚至是两极，所以物种变型相对较多。该分布型对于西藏藓类的演化历程分析尤为重要。

2.3.7　东亚—北美间断分布

　　该分布型指间断分布于东亚和北美洲温带及亚热带地区的物种。其中有些物种从亚洲和北美洲分布到热带，而个别属的物种甚至出现于非洲南部、澳大利亚或中亚，但其现代分布中心仍在东亚和北美洲。西藏共有 31 种为该分布型，占西藏藓类植物总种数的 4.58%，分别为疣边泽藓 *Philonotis papillatomarginata* J.X. Luo & P.C. Wu、东亚泽藓 *Philonotis turneriana* (Schwägr.) Mitt.、偏叶泽藓 *Philonotis falcata* (Hook.) Mitt.、节茎曲柄藓 *Campylopus umbellatus* (Arn.) Paris、西伯利亚大帽藓 *Encalypta sibirica* (Weinm.) Warnst.、毛尖紫萼藓 *Grimmia pilifera* P. Beauv.、缨齿藓 *Jaffueliobryum wrightii* (Sull.) Thér.、南木藓 *Macrothamnium macrocarpum* (Reinw. & Hornsch.) M. Fleisch.、赤茎藓 *Pleurozium schreberi* (Willd. ex Brid.) Mitt.、淡色同叶藓 *Isopterygium albescens* (Hook.) A. Jaeger、黄边孔雀藓 *Hypopterygium flavolimbatum* Müll. Hal.、狭叶白发藓 *Leucobryum bowringii* Mitt.、多疣悬藓 *Barbella pendula* (Sull.) M. Fleisch.、瘤柄匐灯藓 *Plagiomnium venustum* (Mitt.) T.J. Kop.、树藓 *Pleuroziopsis ruthenica* (Weinm.) Kindb. ex E. Britton、镰叶小赤藓 *Oligotrichum falcatum* Steere、黄尖拟金发藓 *Polytrichastrum xanthopilum* (Wilson ex Mitt.) G.L. Sm.、黄尖金发藓 *Polytrichum xanthopilum* Wilson ex Mitt.、*Bellibarbula obtusicuspis* (Besch.) P.C. Chen、尖叶美叶藓 *Bellibarbula recurva* (Griff.) R.H. Zander、鹅头叶对

齿藓 *Didymodon anserinocapitatus* (X.J. Li) R.H. Zander、黑对齿藓 *Didymodon nigrescens* (Mitt.) K. Saito、剑叶对齿藓 *Didymodon rufidulus* (Müll. Hal.) Broth.、簇生砂藓 *Racomitrium aquaticum* (Brid. ex Schrad.) Brid.、多枝缩叶藓 *Ptychomitrium gardneri* Lesq.、剑叶舌叶藓 *Scopelophila cataractae* (Mitt.) Broth.、尖叶羊角藓 *Herpetineuron acutifolium* (Mitt.) Granzow、细叉羽藓 *Leptopterigynandrum tenellum* Broth.、大耳拟扭叶藓 *Trachypodopsis auriculata* (Mitt.) M. Fleisch.、腋胞藓 *Pterigynandrum filiforme* Hedw.、大锦叶藓 *Dicranoloma assimile* (Hampe) Paris。

东亚—北美间断分布是被植物学家最早认识的分布型。该分布型被认为是在泛古大陆时形成的间断隔离分化区型，后又受到古近纪和新近纪后冰期的重大冲击而形成（吴征镒等，2011）。

2.3.8 旧世界温带分布

该分布型一般是指广泛分布于欧洲、亚洲中高纬度的温带和寒带物种。西藏共有 17 种该分布型，占西藏藓类植物总种数的 2.51%，分别为高山真藓 *Bryum alpinum* Huds. ex With.、宽叶真藓 *Bryum funkii* Schwägr.、沙氏真藓 *Bryum sauteri* Bruch & Schimp.、多态丝瓜藓 *Pohlia minor* Schleich. ex Schwägr.、狭边大叶藓 *Rhodobryum ontariense* (Kindb.) Paris、斜蒴对叶藓 *Distichium inclinatum* (Hedw.) Bruch & Schimp.、厚角绢藓 *Entodon concinnus* (De Not.) Paris、纤细葫芦藓 *Funaria gracilis* (Hook. f. & Wilson) Broth.、长齿藓 *Niphotrichum canescens* (Hedw.) Bedn.-Ochyra & Ochyra、平藓 *Neckera pennata* Hedw.、阔叶棉藓 *Plagiothecium platyphyllum* Mönk.、卵叶藓 *Hilpertia velenovskyi* (Schiffn.) R.H. Zander、侧立大丛藓 *Molendoa schliephackei* (Limpr.) R.H. Zander、刺叶墙藓 *Tortula desertorum* Broth.、美丽山羽藓 *Abietinella hystricosa* (Mitt.) Broth.、粗瘤紫萼藓 *Grimmia mammosa* C. Gao & T. Cao、霍氏砂藓 *Racomitrium joseph-hookeri* Frisvoll。

该分布型主起源或集中分布在古地中海南岸，由非洲中部旱化后向南迁移形成（吴征镒等，2011）。

2.3.9 温带亚洲分布

温带亚洲分布指主要局限于亚洲温带地区分布的物种。西藏共有 21 种属于该分布型，占西藏藓类植物总种数的 3.10%，分别为深绿褶叶藓 *Palamocladium euchloron* (Bruch ex Müll. Hal.) Wijk & Margad.、拟烟杆大帽藓 *Encalypta buxbaumioidea* T. Cao, C. Gao & X.L. Bai、东亚碎米藓 *Fabronia matsumurae* Besch.、短柄无尖藓 *Codriophorus brevisetus* (Lindb.) Bedn.-Ochyra & Ochyra、印度紫萼藓 *Grimmia indica* (Dixon & P. de la Varde) Goffinet & Greven、喜马拉雅砂藓 *Racomitrium himalayanum*

(Mitt.) A. Jaeger、贴生毛灰藓 *Homomallium japonicoadnatum* (Broth.) Broth.、美灰藓 *Hypnum leptothallum* (Müll. Hal.) Paris、东亚金灰藓 *Pylaisiella brotheri* (Besch.) Z. Iwats. & Nog.、树形疣灯藓 *Trachycystis ussuriensis* (Regel & Maack) T.J. Kop.、尖叶匐灯藓 *Plagiomnium acutum* (Lindb.) T.J. Kop.、全缘小金发藓 *Pogonatum perichaetiale* (Mont.) A. Jaeger、鞭枝对齿藓 *Didymodon leskeoides* K. Saito、细叶对齿藓 *Didymodon perobtusus* Broth.、双齿赤藓 *Syntrichia bidentata* (X.L. Bai) Ochyra、折叶纽藓 *Tortella fragilis* (Hook. & Wilson) Limpr.、西藏墙藓 *Tortula thomsonii* (Müll. Hal.) R.H. Zander、钝叶小石藓 *Weissia newcomeri* (E.B. Bartram) K. Saito、台湾缩叶藓 *Ptychomitrium formosicum* Broth. & Yasuda、东亚硬羽藓 *Rauiella fujisana* (Paris) Reimers、羽枝耳平藓 *Calyptothecium pinnatum* Nog.。该分布型最早可能是分布于亚洲的东北部，由于大面积的草原荒漠和高山高原的阻断而在地理分布上存在一定的局限性。

2.3.10　中亚、西亚至地中海分布

该分布型的范围在现代地中海周围，经过西亚至俄罗斯南部的中亚各国，以及中国的西南、西北、华北地区。西藏该分布型仅有 1 种：旱藓 *Indusiella thianschanica* Broth. & Müll. Hal.。

2.3.11　东亚分布

东亚分布即分布于东亚东北部［包括俄罗斯（远东地区）、日本、韩国和朝鲜］的物种，该分布型是分布区类型中最富特色的一个（吴征镒等，2011）。西藏共有 190 种（含变种、亚种）属于该分布型，占西藏藓类植物总种数的 28.06%，分别为多褶青藓 *Brachythecium buchananii* (Hook.) A. Jaeger、耳叶青藓 *Brachythecium auriculatum* A. Jaeger、勃氏青藓 *Brachythecium brotheri* Paris、柔叶青藓 *Brachythecium moriense* Besch.、毛尖青藓 *Brachythecium piligerum* Cardot、匐枝青藓 *Brachythecium procumbens* (Mitt.) A. Jaeger、皱叶青藓 *Brachythecium kuroishicum* Besch.、钩叶青藓 *Brachythecium uncinifolium* Broth. & Paris、粗肋细湿藓 *Campylium squarrosulum* (Besch. & Cardot) Kanda、疏网美喙藓 *Eurhynchium laxirete* Broth.、密叶美喙藓 *Eurhynchium savatieri* Schimp. ex Besch.、斜枝长喙藓 *Rhynchostegium inclinatum* (Mitt.) A. Jaeger、淡叶长喙藓 *Rhynchostegium pallidifolium* (Mitt.) A. Jaeger、芽胞银藓 *Anomobryum gemmigerum* Broth.、短月藓 *Brachymenium nepalense* Hook.、皱蒴短月藓 *Brachymenium ptychothecium* (Besch.) Ochi、中华短月藓 *Brachymenium sinense* Cardot & Thér.、韩氏真藓 *Bryum blandum* subsp. *handelii* (Broth.) Ochi、喀什真藓 *Bryum kashmirense* Broth.、纤茎真藓 *Bryum leptocaulon* Cardot、*Bryum sahyadrense* Cardot & Dixon、弯叶真藓 *Bryum recurvulum* Mitt.、土生

真藓 *Bryum tuberosum* Mohamed & Damanhuri、红蒴真藓 *Bryum atrovirens* Brid.、极地真藓、喜马拉雅缺齿藓 *Mielichhoferia himalayana* Mitt.、南亚丝瓜藓 *Pohlia gedeana* (Bosch & Sande Lac.) Gangulee、球蒴藓 *Sphaerotheciella sphaerocarpa* (Hook.) M. Fleisch.、疣齿丝瓜藓 *Pohlia flexuosa* Harv.、纤枝曲柄藓 *Campylopus gracilis* (Mitt.) A. Jaeger、阔边大叶藓 *Rhodobryum laxelimbatum* (Hampe ex Ochi) Z. Iwats. & T.J. Kop.、长叶青毛藓 *Dicranodontium didymodon* (Griff.) Paris、喜马拉雅曲尾藓 *Dicranum himalayanum* Mitt.、硬叶曲尾藓 *Dicranum lorifolium* Mitt.、东亚曲尾藓 *Dicranum nipponense* Besch.、梨蒴小毛藓 *Microdus brasiliensis* (Duby) Thér.、无齿藓 *Pseudochorisodontium gymnostomum* (Mitt.) C. Gao, Vitt, X. Fu & T. Cao、疏叶石毛藓 *Oreoweisia laxifolia* (Hook. f.) Kindb.、中华高地藓 *Astomiopsis sinensis* Broth.、西藏大帽藓 *Encalypta tibetana* Mitt.、绿叶绢藓 *Entodon viridulus* Cardot、高原绢藓 *Entodon chloropus* Renauld & Cardot、广叶绢藓 *Entodon flavescens* (Hook.) A. Jaeger、深绿绢藓 *Entodon luridus* (Griff.) A. Jaeger、尼泊尔绢藓 *Entodon nepalensis* Mizush.、兜叶绢藓 *Entodon conchophyllus* Cardot、翼叶小绢藓 *Rozea pterogonioides* (Harv.) A. Jaeger、小孢碎米藓 *Fabronia microspora* C. Gao、大凤尾藓 *Fissidens nobilis* Griff.、齿叶凤尾藓 *Fissidens crenulatus* Mitt.、裸萼凤尾藓 *Fissidens gymnogynus* Besch.、钝叶梨蒴藓 *Entosthodon buseanus* Dozy & Molk.、尖叶梨蒴藓 *Entosthodon wallichii* Mitt.、狭叶立碗藓 *Physcomitrium coorgense* Broth.、长毛矮齿藓 *Bucklandiella albipilifera* (C. Gao & T. Cao) Bedn.-Ochyra & Ochyra、喜马拉雅星塔藓 *Hylocomiastrum himalayanum* (Mitt.) Broth.、薄壁藓 *Leptocladiella psilura* (Mitt.) M. Fleisch.、新船叶藓 *Neodolichomitra yunnanensis* (Besch.) T.J. Kop.、爪哇南木藓 *Macrothamnium javense* M. Fleisch.、日本粗枝藓 *Gollania japonica* (Cardot) Ando & Higuchi、皱叶粗枝藓 *Gollania ruginosa* (Mitt.) Broth.、粗枝藓 *Gollania neckerella* (Müll. Hal.) Broth.、陕西鳞叶藓 *Taxiphyllum giraldii* (Müll. Hal.) M. Fleisch.、暖地明叶藓 *Vesicularia ferriei* (Cardot & Thér.) Broth.、长尖明叶藓 *Vesicularia reticulata* (Dozy & Molk.) Broth.、树雉尾藓 *Dendrocyathophorum decolyi* (Broth. ex M. Fleisch.) Kruijer、台湾绿锯藓 *Duthiella formosana* Nog.、小柔齿藓 *Iwatsukiella leucotricha* (Mitt.) W.R. Buck & H.A. Crum、拟柳叶藓 *Orthoamblystegium longinerve* (Cardot) Toyama、中华白齿藓 *Leucodon sinensis* Thér.、陕西白齿藓 *Leucodon exaltatus* Müll. Hal.、偏叶白齿藓 *Leucodon secundus* (Harv.) Mitt.、白发藓 *Leucobryum neilgherrense* Müll. Hal.、卵叶毛纽藓 *Aerobryidium aureonitens* (Hook. ex Schwägr.) Broth.、毛纽藓 *Aerobryidium filamentosum* (Hook.) M. Fleisch.、大灰气藓 *Aerobryopsis subdivergens* (Broth.) Broth.、气藓 *Aerobryum speciosum* Dozy & Molk.、拟悬藓 *Barbellopsis trichophora* (Mont.) W.R. Buck、鞭枝新丝藓 *Neodicladiella flagellifera* (Cardot) Huttunen & D. Quandt、*Chrysocladium retrorsum* var. *kiusiuense* (Brotherus & Paris) Cardot、异节藓

Diaphanodon blandus (Harv.) Renauld & Cardot、四川丝带藓 *Floribundaria setschwanica* Broth.、散生丝带藓 *Floribundaria sparsa* (Mitt.) Broth.、疏叶丝带藓 *Floribundaria walkeri* (Renauld & Cardot) Broth.、小蔓藓 *Meteoriella soluta* (Mitt.) S. Okamura、粗蔓藓 *Meteoriopsis squarrosa* (Hook. ex Harv.) M. Fleisch.、反叶粗蔓藓 *Meteoriopsis reclinata* (Müll. Hal.) M. Fleisch.、川滇蔓藓 *Meteorium buchananii* (Brid.) Broth.、粗枝蔓藓 *Meteorium subpolytrichum* (Besch.) Broth.、台湾蔓藓 *Meteorium taiwanense* Nog.、细尖隐松萝藓 *Papillaria chrysoclada* (Müll. Hal.) A. Jaeger、扭尖隐松萝藓 *Papillaria feae* Müll. Hal. ex M. Fleisch.、隐松萝藓 *Papillaria fuscescens* (Hook.) A. Jaeger、扭叶松萝藓 *Papillaria semitorta* (Müll. Hal.) A. Jaeger、细带藓 *Trachycladiella aurea* (Mitt.) M. Menzel、皱叶匐灯藓 *Plagiomnium arbuscula* (Müll. Hal.) T.J. Kop.、大叶提灯藓 *Mnium succulentum* Mitt.、全缘提灯藓 *Mnium integrum* Bosch & Sande Lac.、假悬藓 *Pseudobarbella levieri* (Renauld & Cardot) Nog.、短尖假悬藓 *Pseudobarbella attenuata* (Thwaites & Mitt.) Nog.、平肋提灯藓 *Mnium laevinerve* Cardot、南亚立灯藓 *Orthomnion bryoides* (Griff.) Nork.、柔叶立灯藓 *Orthomnion dilatatum* (Wilson ex Mitt.) P.C. Chen、日本匐灯藓 *Plagiomnium japonicum* (Lindb.) T.J. Kop.、侧枝匐灯藓 *Plagiomnium maximoviczii* (Lindb.) T.J. Kop.、树平藓 *Homaliodendron flabellatum* (Sm.) M. Fleisch.、钝叶树平藓 *Homaliodendron microdendron* (Mont.) M. Fleisch.、八列平藓 *Neckera konoi* Broth.、东亚拟平藓 *Neckeropsis calcicola* Nog.、东亚羽枝藓 *Pinnatella makinoi* (Broth.) Broth.、福氏蓑藓 *Macromitrium ferriei* Cardot & Thér.、钝叶蓑藓 *Macromitrium japonicum* Dozy & Molk.、扁平棉藓锡金变种 *Plagiothecium neckeroideum* var. *sikkimense* Renauld & Cardot、扁平棉藓短尖变种 *Plagiothecium euryphyllum* var. *brevirameum* (Cardot) Z. Iwats.、圆叶棉藓、小仙鹤藓 *Atrichum crispulum* Schimp. ex Besch.、仙鹤藓多蒴变种 *Atrichum undulatum* var. *gracilisetum* Besch.、树发藓 *Microdendron sinense* Broth.、半栉小赤藓 *Oligotrichum semilamellatum* (Hook. f.) Mitt.、刺边小金发藓 *Pogonatum cirratum* (Sw.) Brid.、小口小金发藓 *Pogonatum microstomum* (R. Br. ex Schwägr.) Brid.、东亚小金发藓 *Pogonatum inflexum* (Lindb.) Sande Lac.、莓疣拟金发藓 *Polytrichastrum papillatum* G.L. Sm.、阔叶丛本藓 *Anoectangium clarum* Mitt.、扭叶丛本藓 *Anoectangium stracheyanum* Mitt.、尖叶扭口藓 *Barbula constricta* Mitt.、*Barbula laevipila* (Brid.) Garov.、细叶扭口藓 *Barbula gracilenta* Mitt.、爪哇扭口藓 *Barbula javanica* Dozy & Molk.、东亚扭口藓 *Barbula subcomosa* Broth.、拟石灰藓 *Hydrogonium pseudoehrenbergii* (M. Fleisch.) P.C. Chen、亮叶扭口藓 *Barbula subpellucida* Mitt.、美叶藓 *Bellibarbula kurziana* P.C. Chen、钝头红叶藓 *Bryoerythrophyllum brachystegium* (Besch.) K. Saito、无齿红叶藓 *Bryoerythrophyllum gymnostomum* (Broth.) P.C. Chen、云南红叶藓 *Bryoerythrophyllum yunnanense* (Herzog)

P.C. Chen、深色红叶藓 *Bryoerythrophyllum atrorubens* (Besch.) P.C. Chen、细叶对齿藓、尖叶对齿藓 *Didymodon constrictus* (Mitt.) K. Saito、日本对齿藓 *Didymodon japonicus* (Broth.) K. Saito、短叶对齿藓 *Didymodon tectorum* (Müll. Hal.) K. Saito、粗对齿藓 *Didymodon erosodenticulatus* (Müll. Hal.) K. Saito、橙色净口藓 *Gymnostomum aurantiacum* (Mitt.) A. Jaeger、齿叶薄齿藓 *Leptodontium handelii* Thér.、小酸土藓 *Oxystegus cuspidatus* (Dozy & Molk.) P.C. Chen、狭叶拟合睫藓 *Pseudosymblepharis angustata* (Mitt.) Hilp.、仰叶藓 *Reimersia inconspicua* (Griff.) P.C. Chen、芽孢赤藓 *Syntrichia gemmascens* (P.C. Chen) R.H. Zander、阔叶毛口藓 *Trichostomum platyphyllum* (Broth. ex Iisiba) P.C. Chen、线叶托氏藓 *Tuerckheimia svihlae* (E.B. Bartram) R.H. Zander、缺齿小石藓 *Weissia edentula* Mitt.、东亚小石藓 *Weissia exserta* (Broth.) P.C. Chen、长尖耳平藓 *Calyptothecium subacuminatum* (Broth. & Paris) Broth.、急尖耳平藓 *Calyptothecium hookeri* (Mitt.) Broth.、兜叶藓 *Horikawaea nitida* Nog.、扭叶缩叶藓 *Ptychomitrium tortula* (Harv.) A. Jaeger、异齿藓 *Regmatodon declinatus* (Hook.) Brid.、齿边异齿藓 *Regmatodon serrulatus* (Dozy & Molk.) Bosch & Sande Lac.、拟疣胞藓 *Aptychella planula* (Mitt.) M. Fleisch.、赤茎小锦藓 *Brotherella erythrocaulis* (Mitt.) M. Fleisch.、短叶毛锦藓 *Pylaisiadelpha yokohamae* (Broth.) W.R. Buck、厚角藓 *Gammiella pterogonioides* (Griff.) Broth.、拟金灰藓 *Pylaisiopsis speciosa* (Mitt.) Broth.、曲叶小锦藓 *Brotherella curvirostris* (Schwägr.) M. Fleisch.、牛尾藓 *Struckia argentata* (Mitt.) Müll. Hal.、裂帽藓 *Warburgiella cupressinoides* Müll. Hal. ex Broth.、拟狭叶泥炭藓 *Sphagnum cuspidatulum* Müll. Hal.、加萨泥炭藓 *Sphagnum khasianum* Mitt.、锦丝藓 *Actinothuidium hookeri* (Mitt.) Broth.、毛尖刺枝藓 *Wijkia tanytricha* (Mont.) H.A. Crum、小牛舌藓 *Anomodon minor* Lindb.、单疣牛舌藓 *Anomodon abbreviatus* Mitt.、毛羽藓 *Bryonoguchia molkenboeri* (Sande Lac.) Z. Iwats. & Inoue、多疣麻羽藓 *Claopodium pellucinerve* (Mitt.) Best、直茎叉羽藓 *Leptopterigynandrum stricticaule* Broth.、拟灰羽藓 *Thuidium glaucinoides* Broth.、拟木毛藓 *Pseudospiridentopsis horrida* (Mitt. ex Cardot) M. Fleisch.、拟扭叶藓卷叶变种 *Trachypodopsis serrulata* var. *crispatula* (Hook.) Zanten、扭叶藓 *Trachypus bicolor* Reinw. & Hornsch.、毛尖葫芦藓 *Funaria pilifera* (Mitt.) Broth.、西南木衣藓 *Drummondia thomsonii* Mitt.、虾须东亚亚种 *Bryoxiphium norvegicum* subsp. *japonicum* (Berggr.) Á. Löve & D. Löve、东亚缩叶藓 *Ptychomitrium fauriei* Besch.、兜叶矮齿藓 *Bucklandiella cucullatula* (Broth.) Bedn.-Ochyra & Ochyra、粗疣矮齿藓石生变种 *Bucklandiella verrucosa* var. *emodensis* (Frisvoll) Bedn.-Ochyra & Ochyra、长蒴紫萼藓 *Grimmia macrotheca* Mitt.、钝叶紫萼藓 *Grimmia obtusifolia* Turner、硬叶长齿藓 *Niphotrichum barbuloides* (Cardot) Bedn.-Ochyra & Ochyra、多枝砂藓 *Racomitrium laetum* Besch. & Cardot、拟昂氏藓 *Aongstroemiopsis julacea* (Dozy & Molk.) M. Fleisch.等。

2.3.12　中国特有分布

中国特有分布的分布范围一般在中国国界线以内，但也有少数物种越出中国国界到邻近各国，如缅甸、中南半岛、朝鲜、俄罗斯（远东地区）等。西藏该分布型共有 82 种（含变种），占西藏藓类植物总种数的 12.11%，分别为白色同蒴藓 *Homalothecium leucodonticaule* (Müll. Hal) Broth.、王氏黑藓 *Andreaea densifolia* Mitt.、中华拟无毛藓 *Juratzkaea sinensis* M. Fleisch. ex Broth.、细肋细喙藓 *Rhynchostegiella leptoneura* Dixon & Thér.、砂生短月藓 *Brachymenium muricola* Broth.、绵毛真藓 *Bryum gossypinum* C. Gao & K.C. Chang、卷叶真藓 *Bryum thomsonii* Mitt.、纤毛丝瓜藓 *Pohlia hisae* T.J. Kop. & J.X. Luo、明齿丝瓜藓 *Pohlia hyaloperistoma* Da C. Zhang, X.J. Li & Higuchi、瘤叶青毛藓 *Dicranodontium papillifolium* C. Gao、南亚卷毛藓 *Dicranoweisia indica* (Wilson) Paris、瘤叶无齿藓 *Pseudochorisodontium mamillosum* (C. Gao & Aur) C. Gao, Vitt, X. Fu & T. Cao、多枝无齿藓 *Pseudochorisodontium ramosum* (C. Gao & Aur) C. Gao, Vitt, X. Fu & T. Cao、短柄对叶藓 *Distichium brevisetum* C. Gao、短叶对叶藓 *Distichium bryoxiphioidium* C. Gao、中华立毛藓 *Tristichium sinense* Broth.、多疣大帽藓 *Encalypta papillosa* C. Feng, J. Kou & B. Niu.、中华大帽藓 *Encalypta sinica* J.C. Zhao & Min Li、短柄绢藓 *Entodon micropodus* Besch.、锦叶绢藓 *Entodon pylaisioides* R.L. Hu & Y.F. Wang、反齿碎米藓 *Fabronia anacamptodens* C. Gao、疣齿碎米藓 *Fabronia papillidens* C. Gao、直蒴葫芦藓 *Funaria discelioides* Müll. Hal.、中华葫芦藓 *Funaria sinensis* Dix.、云南赤枝藓 *Braunia delavayi* Besch.、丝灰藓 *Giraldiella levieri* Müll. Hal.、丝金灰藓 *Pylaisia levieri* (Müll. Hal.) Arikawa、云南毛灰藓 *Homomallium yuennanense* Broth.、中华细枝藓 *Lindbergia sinensis* (Müll. Hal.) Broth.、阔叶细枝藓 *Lindbergia brevifolia* C. Gao、西藏白齿藓 *Leucodon tibeticus* M.X. Zhang、狭叶假悬藓 *Pseudobarbella angustifolia* Nog.、心叶松萝藓 *Papillaria cordatifolia* J.X. Luo、芽胞假悬藓 *Pseudobarbella propagulifera* Nog.、挺枝提灯藓 *Mnium handelii* Broth.、裸帽立灯藓 *Orthomnion nudum* E.B. Bartram、云南立灯藓 *Orthomnion yunnanense* T.J. Kop., X.J. Li & M. Zang、台湾棉藓直叶变种 *Plagiothecium formosicum* var. *rectiapex* D.K. Li.、台湾棉藓 *Plagiothecium formosicum* Broth. & Yasuda、*Delongia glacialis* (C.C. Towns.) N.E. Bell.、宽果异蒴藓 *Lyellia platycarpa* Cardot & Thér.、双珠小金发藓 *Pogonatum pergranulatum* P.C. Chen、斜叶芦荟藓 *Aloina obliquifolia* (Müll. Hal.) Broth.、粗肋丛本藓 *Anoectangium crassinervium* Mitt.、钝叶扭口藓 *Barbula chenia* Redf. & B.C. Tan、溪边扭口藓 *Barbula rivicola* Broth.、狄氏扭口藓 *Barbula dixoniana* (P.C. Chen) Redf. & B.C. Tan、异叶红叶藓 *Bryoerythrophyllum hostile* (Herzog) P.C. Chen、假边红叶藓 *Bryoerythrophyllum pseudomarginatum* J. Kou, X.M. Shao & C. Feng、粗疣

链齿藓 *Desmatodon raucopapillosum* X.J. Li、尖叶对齿藓芒尖变种 *Didymodon constrictus* var. *flexicuspis* (P.C. Chen) K. Saito、溪边对齿藓 *Didymodon rivicola* (Broth.) R.H. Zander、硬叶对齿藓大型变种 *Didymodon rigidulus* var. *giganteus* (Schlieph. ex Warnst.) Ochyra & Bedn.-Ochyra、云南圆口藓 *Gyroweisia yuennanensis* Broth.、高山大丛藓云南变种 *Molendoa sendtneriana* var. *yunnanica* Györffy、粗锯齿藓 *Prionidium erosodenticulatum* (Müll. Hal.) P.C. Chen、锯齿藓 *Prionidium setschwanicum* (Broth.) Hilp.、长尖赤藓 *Syntrichia longimucronata* (X.J. Li) R.H. Zander、云南链齿藓 *Desmatodon yuennanensis* Broth.、长尖叶墙藓 *Tortula longimucronata* X.J. Li、平叶墙藓 *Tortula planifolia* X.J. Li、粗疣墙藓 *Tortula raucopapillosa* (X.J. Li) R.H. Zander、云南墙藓 *Tortula yuennanensis* P.C. Chen、*Trichostomum barbuloides* Brid.、卷叶毛口藓 *Trichostomum hattorianum* B.C. Tan & Z. Iwats.、拟弯叶小锦藓 *Brotherella falcatula* Broth.、舌叶毛口藓 *Trichostomum sinochenii* Redf. & B.C. Tan、芒尖毛口藓 *Trichostomum aristatulum* Broth.、短叶小石藓 *Weissia semipallida* Müll. Hal.、无肋耳平藓 *Calyptothecium acostatum* J.X. Luo、疣胞缩叶藓 *Ptychomitrium mamillosum* S.L. Guo, T. Cao & C. Gao、偏叶麻羽藓 *Claopodium rugulosifolium* S.Y. Zeng、多纹泥炭藓 *Sphagnum multifibrosum* X.J. Li & M. Zang、球蒴美姿藓 *Timmia sphaerocarpa* Y. Jia & Y. Liu、卷叶叉羽藓 *Leptopterigynandrum incurvatum* Broth.、钝尖对齿藓 *Didymodon obtusus* J. Kou, X.M. Shao & C. Feng、细小金发藓 *Pogonatum minus* W.X. Xu & R.L. Xiong、花斑烟杆藓 *Buxbaumia punctata* P.C. Chen & X.J. Li、云南毛齿藓 *Trichodon muricatus* Herzog、细叶小曲尾藓 *Dicranella microdivaricata* (Müll. Hal.) Paris、错那无齿藓 *Pseudochorisodontium conanenum* (C. Gao) C. Gao, Vitt, X. Fu & T. Cao、台湾拟附干藓 *Schwetschkeopsis formosana* Nog.。其中，西藏特有分布有 12 种，分别为瘤叶无齿藓、多枝无齿藓、短叶对叶藓、反齿碎米藓、疣齿碎米藓、西藏白齿藓、心叶松萝藓、粗肋丛本藓、粗疣链齿藓、钝尖对齿藓、无肋耳平藓、球蒴美姿藓。

整体来看，西藏藓类植物以北温带广布、东亚分布、世界分布、中国特有分布等 4 个分布型为主。此外，西藏还发现了丛藓科、大帽藓科等的新种，极大的丰富了我国旱生藓类的多样性，也为其生态功能的挖掘与应用提供了基础信息。

2.4 不同年代西藏半干旱区藓类植物物种差异性比较

2.4.1 物种组成比较

由表 2-3 可知，20 世纪的调查结果显示西藏半干旱区藓类植物共有 35 科

134 属 318 种，分别占西藏藓类植物总科数、总属数、总种数的 84.09%、61.19%、46.97%。此外，2007~2019 年的调查结果显示，西藏半干旱区藓类植物共有 21 科 76 属 205 种，分别占西藏藓类植物总科数、总属数、总种数的 47.7%、34.7%、30.3%。

表 2-3　不同时期西藏半干旱区藓类植物物种组成比较

科名	20 世纪物种组成	2007~2019 年物种组成
丛藓科	23（73）	25（92）
真藓科	6（37）	7（33）
羽藓科	10（21）	4（6）
曲尾藓科	10（19）	8（10）
紫萼藓科	7（19）	5（8）
青藓科	5（17）	2（4）
灰藓科	7（15）	3（9）
金发藓科	5（15）	2（7）
提灯藓科	4（14）	2（2）
蔓藓科	7（9）	—
薄罗藓科	7（8）	2（2）
柳叶藓科	6（8）	3（4）
牛毛藓科	4（8）	3（4）
绢藓科	2（6）	1（2）
白齿藓科	2（5）	—
珠藓科	2（4）	—
碎米藓科	1（4）	—
锦藓科	3（3）	—
塔藓科	3（3）	1（1）
葫芦藓科	2（3）	2（4）
平藓科	1（3）	—
凤尾藓科	1（3）	1（2）
大帽藓科	1（3）	1（9）
扭叶藓科	2（2）	—
壶藓科	2（2）	—
万年藓科	2（2）	—
异齿藓科	1（2）	—
缩叶藓科	1（2）	1（1）
棉藓科	1（2）	—
硬叶藓科	1（1）	—
粗石藓科	1（1）	—
腋胞藓科	1（1）	—
木灵藓科	1（1）	1（3）
复边藓科	1（1）	—
黑藓科	1（1）	—

续表

科名	20 世纪物种组成	2007～2019 年物种组成
美姿藓科	—	1（1）
小烛藓科	—	1（1）
合计	134（318）	76（205）

注：括号内为种数，括号外为属数；"—"表示没有相应科

与 2007～2019 年相比，西藏半干旱区 20 世纪特有科是黑藓科、腋胞藓科、珠藓科、复边藓科、万年藓科、碎米藓科、白齿藓科、蔓藓科、平藓科、棉藓科、异齿藓科、粗石藓科、锦藓科、壶藓科、硬叶藓科、扭叶藓科。20 世纪特有种为 217 种，占 20 世纪总种数的 68.24%；2007～2019 年特有种为 104 种，占 2007～2019 年总种数的 50.73%。两个时期物种在组成上均以分布广泛、适应性强的藓类科属为主，2007～2019 年的物种组成在喜阴湿环境的藓类植物多样性上有所下降。

2.4.2 优势科属比较

西藏半干旱区 20 世纪藓类植物优势科属比较如图 2-2 和图 2-3 所示。该区域 20 世纪的藓类植物主要以抗干旱胁迫强的藓类植物大科为主，世界广泛分布的藓类植物类群次之，同时也具有一定数量的以岩面生为主的优势藓类；而 2007～2019 年的藓类植物虽仍以耐旱性强、生态辐宽的科属为主，但在喜阴湿环境的藓类优势科属上数量有明显下降，且优势石生藓类多样性也在降低。由此可见，在全球气候变化加剧的背景下，西藏半干旱区藓类植物物种多样性明显处于下降趋势，这可能是由于该研究区喜阴湿环境藓类植物的栖息地丧失较为严重。

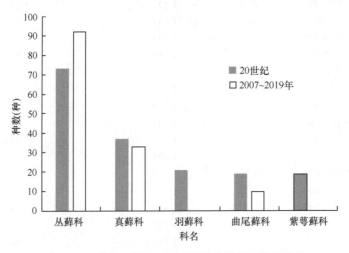

图 2-2　西藏半干旱区不同时期藓类植物优势科比较

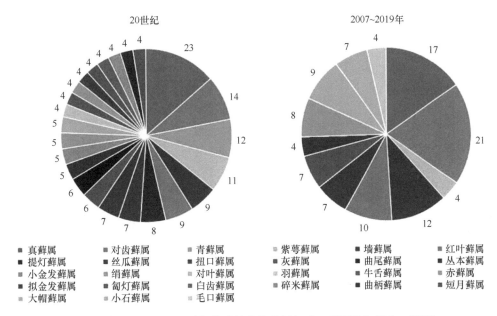

图 2-3　西藏半干旱区不同时期藓类植物优势属组成（彩图请扫封底二维码）

图中数字为相应属包含的种数

2.4.3　地理成分比较

参照《中国种子植物区系地理》（吴征镒等，2011）对中国种子植物属的分布区类型的划分，西藏历史记录的藓类植物的地理成分可划分为 11 个分布区类型，分别是世界分布、泛热带分布、热带亚洲和热带美洲洲际间断分布、旧世界热带分布、热带亚洲至热带澳大利亚分布、北温带分布、东亚—北美间断分布、旧世界温带分布、温带亚洲分布、东亚分布、中国特有分布；而 2007~2019 年藓类植物的地理成分可划分为 10 个分布区类型，分别为世界分布，泛热带分布，热带亚洲至热带澳大利亚分布，北温带分布，东亚—北美间断分布，旧世界温带分布，温带亚洲分布，东亚分布，中、西亚至地中海分布，中国特有分布。西藏半干旱区不同历史时期藓类植物地理成分的变化情况详见图 2-4。通过比较可以发现，西藏半干旱区 20 世纪与 2007~2019 年的藓类植物地理成分均以北温带分布居多，东亚分布和世界分布次之，中国特有成分、旧世界温带成分、温带亚洲分布和泛热带分布较少，其余成分极少。另外，由于世界广布种的广布性并不能反映出区系的特点，因此北温带分布和东亚分布为该研究区最重要的区系成分。总体上看，西藏半干旱区的藓类植物以北温带成分为主（占 47.3%），兼具东亚色彩（占 20%），这两个分布型占该研究区总物种数的 57.3%。

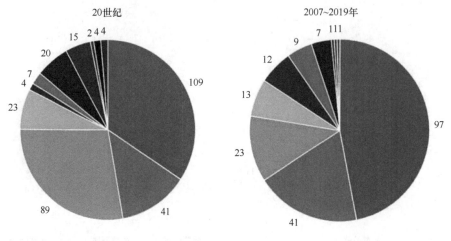

图 2-4 西藏半干旱区不同历史时期藓类植物地理成分组成（彩图请扫封底二维码）

图中数字为相应分布型包含的种数

2.4.4 物种相似性比较

西藏半干旱区 20 世纪的藓类植物记录与 2007～2019 年调查的物种结果比较表明，该研究区共有藓类植物 99 种（含变种）。这些物种分别是沼地藓、柳叶藓、黄叶细湿藓、长肋青藓、羽枝青藓、青藓、斜蒴藓、纤枝短月藓、短月藓、刺叶真藓、双色真藓、韩氏真藓、极地真藓、真藓、丛生真藓、圆叶真藓、灰黄真藓、黄色真藓、球蒴真藓、垂蒴真藓、丝瓜藓、拟长蒴丝瓜藓、勒氏丝瓜藓、辛氏曲柄藓、鞭枝曲尾藓、格陵兰曲尾藓、细叶曲尾藓、角齿藓、短柄对叶藓、对叶藓、斜蒴对叶藓、高山大帽藓、大帽藓、钝叶大帽藓、纤细梨蒴藓、葫芦藓、无齿紫萼藓、卵叶紫萼藓、南欧紫萼藓、旱藓、长齿藓、东亚毛灰藓、毛灰藓、美灰藓、弯叶灰藓、黄灰藓、大灰藓（多形灰藓、羽枝灰藓）、卷叶灰藓、毛梳藓、弯叶多毛藓、瓦叶假细罗藓、匐灯藓、刺边小金发藓、全缘小金发藓、拟金发藓、桧叶金发藓、丛本藓、阔叶丛本藓、扭叶丛本藓、卷叶丛本藓、扭口藓、钝头红叶藓、高山红叶藓、无齿红叶藓、单胞红叶藓、红叶藓、云南红叶藓、尖叶对齿藓、尖叶对齿藓芒尖变种、北地对齿藓、反叶对齿藓、黑对齿藓、细叶对齿藓、溪边对齿藓、灰土对齿藓、土生对齿藓、铜绿净口藓、净口藓、立膜藓硬叶变种、侧立大丛藓、狭叶拟合睫藓、石芽藓、齿肋赤藓、山赤藓、高山赤藓、反纽藓、折叶纽藓、长叶纽藓、北方墙藓、泛生墙藓、平叶墙藓、波边毛口藓、缺齿小石藓、小石藓、卷叶藓、垂枝藓、山羽藓、狭叶小羽藓、东亚硬羽藓。

　　通过索雷申（Sorensen）相似性系数计算公式得出二者物种相似性系数为
0.379。说明这两个时期的物种组成已发生了明显变化。西藏位于独特的地理区域，
具有中低纬度、高海拔和极低平均气温的气候特点，在全球气候变化大背景下，
西藏半干旱区温度和降水的变化更为显著，这对该区域的物种分布和多样性都存
在很大影响（Kou et al.，2020；宋闪闪，2015；Kilroy，2015）。此外，西藏的半
干旱区还是西藏的经济文化中心，具有大面积的高寒草地和农耕区，人为干扰和
土地利用也是影响物种分布格局和多样性变化的主要因素（Yu et al.，2019；Yu，
2017；Song et al.，2015；Qiu，2012；Immerzeel et al.，2008）。

第 3 章　西藏藓类植物新物种

西藏自治区约占我国总面积的 1/8，自然条件复杂，气候条件多样，具有独特的生物种类、生物群落类型和生态系统，拥有种类繁多的珍稀濒危野生生物，西藏野生动植物资源被认为是目前全世界保存最完整的野生动植物资源，西藏自治区也是中国动植物最富集的省份之一（应俊生，2001）。截至 21 世纪初，西藏已知高等植物 6400 余种，仅国家保护的珍稀濒危植物就有 38 种。

苔藓植物是高等植物类群中仅次于被子植物的第二大类群，全世界约 23 000 种，中国 3021 种（贾渝和何思，2013）。其生态辐宽，适应性强，是森林生态系统重要的植被组成，是群落演替过程中的先锋植物，在退化生态系统恢复中担任着重要的角色（刘艳等，2019；Goffinet and Shaw，2009），对环境变化具有很强的敏感性和指示作用（王慧慧和张朝晖，2018；Hofmeister et al.，2016；吴玉环等，2001）。在全球气候变化的大背景下，一些物种的生存已遭受严重威胁，西藏分布的绝大多数物种也因所处环境的特殊性承受着来自气候变化更严峻的挑战，而一部分适宜高寒生境的优势藓类物种的多样性却有明显增加（寇瑾，2018）。本章将重点介绍近年西藏物种多样性明显增多的优势藓科——丛藓科中发现的新种、中国新记录种和争议物种，通过对其物种形态、生境、分布等生物学特性的描述，为西藏苔藓植物多样性的关注和保护提供基础依据，同时，本章通过形态学、分子系统学、分布模型的应用以及对物种生态位的探索，使读者重新认识土生对齿藓这一争议物种。

3.1　高山对齿藓

Didymodon alpinus J. Kou, X.M. Shao & C. Feng, Journal of Bryology 39(3): 308-312. 2017.

植物体矮小，红绿色，具中轴。叶干燥时卷曲，湿润时平展，披针形；叶尖渐尖或急尖；边缘具疣状齿，自基部至顶部背卷；中肋横切面圆形；叶片滴加 KOH 溶液显黄色；叶细胞单层；中部细胞方形，具疣；基部细胞方形，平滑；腹厚壁细胞缺失。雌雄异株。雌苞叶分化。孢蒴直立；环带 2～3 排；具蒴齿；蒴盖长圆锥形；蒴帽兜形。孢子具疣。石生藓类（植物体特征见图 3-1）。

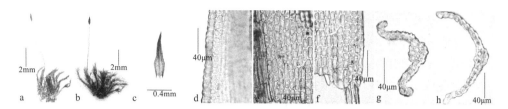

图 3-1　高山对齿藓 *Didymodon alpinus*（彩图请扫封底二维码）
a. 干燥植株；b. 潮湿植株；c. 叶；d. 叶上部细胞；e. 叶基部近中肋细胞；f. 叶基部近边缘细胞；
g. 叶上部横切面；h. 叶中下部横切面

观察标本：中国西藏林芝市波密县，29°53′24.936″N，95°35′10.248″E，石生，海拔 2672m，邵小明、寇瑾采，标本号 20150721k034a［主模式标本存放于中国农业大学生物学院植物标本室（BAU），复模式标本存放于西班牙穆尔西亚大学植物标本馆（MUB）］。

生境：生于乡村路边。

分布：中国西藏。为西藏特有种。

讨论：在对齿藓属物种中，本种与赞氏对齿藓 *Didymodon zanderi* O.M. Afonina & Ignatova、溪边对齿藓、剑叶对齿藓在叶边缘背卷程度、中肋主细胞数量及腹厚壁细胞带的有无等特征上非常相似。但本种的中肋更为突出，且中肋自基部至顶部逐渐变粗等特征可与后三者很好地区分。

3.2　西藏对齿藓

Didymodon tibeticus J. Kou, X.M. Shao & C. Feng, Nova Hedwigia 106(1-2): 73-80. 2018.

植物体矮小且密集丛生，近红色。茎直立，具中轴。叶干燥时紧贴，湿润时平展，呈卵状；边缘平直；中肋及顶；叶片滴加 KOH 溶液呈现红色；叶细胞单层；中肋横切面主细胞一层；上部细胞方形，具疣；基部细胞长方形，平滑；腹表皮细胞膨胀。孢子体未见（植物体特征见图 3-2）。

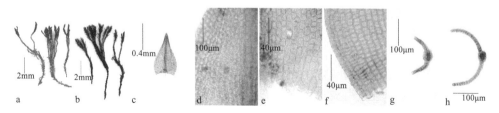

图 3-2　西藏对齿藓 *Didymodon tibeticus*（彩图请扫封底二维码）
a. 干燥植株；b. 潮湿植株；c. 叶；d. 叶上部细胞；e. 叶基部近中肋细胞；f. 叶基部近边缘细胞；
g. 叶上部横切面；h. 叶中下部横切面

观察标本：西藏山南市贡嘎县查拉山，29°39′36.288″N，91°20′29.148″E，石生，与赞德红叶藓 *Bryoerythrophyllum zanderi* C. Feng, X.M. Shao & J. Kou 伴生，海拔 3792m，寇瑾采，标本号 STZ20140705008（主模式标本存放于 BAU，复模式标本存放于 MUB）；西藏拉萨市达孜区中国科学院拉萨农业生态试验站，29°40′36.1524″N，91°20′41.226″E，海拔 3687m，寇瑾采，标本号 STZ20140708007b（复模式标本存放于 BAU）；西藏日喀则市拉孜县茶坞站，28°57′5.688″N，87°26′13.596″E，海拔 5204m，邵小明、寇瑾采，标本号 20140816080（主模式标本存放于 BAU，复模式标本存放于 MUB）；西藏拉萨市墨竹工卡县，29°44′48.443″N，92°18′49.680″E，海拔 4631m，寇瑾采，标本号 20140718033（主模式标本存放于 BAU，复模式标本存放于 MUB）；西藏拉萨市墨竹工卡县，29°44′48.660″N，92°18′49.788″E，海拔 4619m，寇瑾、邵小明采，标本号 20140718020（主模式标本存放于 BAU，复模式标本存放于 MUB）；西藏山南市浪卡子县，28°55′4.440″N，90°21′58.248″E，海拔 4572m，寇瑾、邵小明采，标本号 20140819018（主模式标本存放于 BAU，复模式标本存放于 MUB）。

生境：生于海拔 3706～5204m 的石头上和土上。

分布：中国西藏。为西藏特有种。

讨论：本种常与赞德红叶藓和紫萼藓属物种混生。此外，本种与吉氏对齿藓 *Didymodon jimenezii* J. Kou, X.M. Shao & C. Feng 在叶干时丛集状态、叶尖、叶细胞及叶边缘层数、叶细胞疣等形态特征非常相似，后者叶形为卵状披针形，叶细胞对 KOH 溶液的反应呈现黄色，叶边缘背卷等。

3.3　黎氏对齿藓

Didymodon liae J. Kou, X.M. Shao & C. Feng, Nordic Journal of Botany 34(2): 165-168. 2016.

植物体中等高，疏散丛生，黄绿色。茎直立，具中轴。叶干燥时卷曲，潮湿时平展，长披针形；叶尖渐尖或急尖；边缘背卷；中肋不及顶或及顶均存在；KOH 溶液显色反应呈黄绿色；叶细胞单层；表皮细胞方形；中上部细胞圆方形，具乳突疣；基部细胞分化，长方形，平滑；腹表皮细胞膨胀。孢子体未见（植物体特征见图 3-3）。

观察标本：西藏拉萨市达孜区中国科学院拉萨农业生态试验站，29°39′36.288″N，91°20′29.148″E，土生，海拔 3792m，寇瑾采，标本号 STZ20140708007（主模式标本存放于 BAU）。

生境：生于乡村路边。

分布：中国西藏。为西藏特有种。

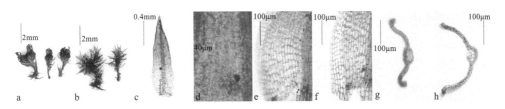

图 3-3　黎氏对齿藓 *Didymodon liae*（彩图请扫封底二维码）

a. 干燥植株；b. 潮湿植株；c. 叶；d. 叶上部细胞；e. 叶基部近中肋细胞；f. 叶基部近边缘细胞；
g. 叶上部横切面；h. 叶中下部横切面

讨论：本种与澳洲对齿藓 *Didymodon australasiae* (Hook. & Grev.) R.H. Zander 在叶形、中肋主细胞数量、基部细胞分化程度等特征上非常相似，在植物体疏散丛生、茎皮部外侧无小型厚壁细胞、无薄壁大细胞、叶边缘背卷、叶细胞疣、中肋具厚壁细胞带等特征存在差异。

3.4　半边疣对齿藓

Didymodon mesopapillosus J. Kou, X.M. Shao & C. Feng, Nordic Journal of Botany 35(1): 107-110. 2017.

植物体中等大，黄绿色。茎分枝，具中轴。叶干燥时紧贴，潮湿时平展，卵状披针形；叶尖急尖；边缘自基部至顶部背卷；中肋伸出；KOH 溶液显色反应呈红色；叶细胞单层；中肋横切面主细胞一层；中肋腹表皮细胞呈方形；中上部细胞方形，中肋两侧具疣；基部细胞不分化；具腹厚壁细胞，背腹表皮分化。雌雄异株。雌苞叶分化。孢蒴直立；具环带；蒴齿 32；蒴盖具喙。孢子直径 12.5～15μm（植物体特征见图 3-4）。

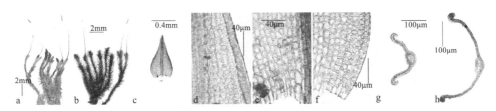

图 3-4　半边疣对齿藓 *Didymodon mesopapillosus*（彩图请扫封底二维码）

a. 干燥植株；b. 潮湿植株；c. 叶；d. 叶上部细胞；e. 叶基部近中肋细胞；f. 叶基部近边缘细胞；
g. 叶上部横切面；h. 叶中下部横切面

观察标本：西藏日喀则市昂仁县邦古拉山，29°23′10″N，86°57′34″E，石生，海拔 4529m，邵小明、寇瑾采，标本号 20140815038（主模式标本存放于 BAU）；西藏日喀则市谢通门县查布乡，29°3′52.5″N，87°33′31.5″E，土生，海拔 4217m，邵小明、寇瑾采，标本号 20140816062（主模式标本存放于 BAU）。

生境：生于开阔的岩石和土壤上，或生于国道沿线。

分布：中国西藏。为西藏特有种。

讨论：本种在叶形、叶边缘背卷程度、中肋伸出和叶中肋具腹厚壁细胞等特征与短叶对齿藓相似。但本种与短叶对齿藓中肋腹表皮细胞膨胀、叶细胞外壁强烈加厚、叶细胞疣只在中肋两侧的叶的 1/2 处且疣呈条形等方面存在明显差异。

3.5 吉氏对齿藓

Didymodon jimenezii J. Kou, X.M. Shao & C. Feng, The Bryologist 119(3): 243-249. 2016.

植物体中等大，黄绿色，具中轴。叶干燥时紧贴，潮湿时直立，卵状披针形；叶尖急尖或渐尖；边缘背卷；中肋伸出；叶片滴加 KOH 溶液呈黄色；叶细胞单层；上部细胞方形，具疣；基部细胞不分化；无腹厚壁细胞带。未见孢子体（植物体特征见图 3-5）。

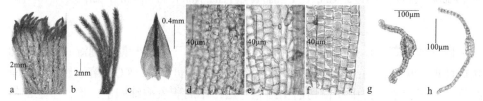

图 3-5 吉氏对齿藓 *Didymodon jimenezii*（彩图请扫封底二维码）
a. 干燥植株；b. 潮湿植株；c. 叶；d. 叶上部细胞；e. 叶基部近中肋细胞；f. 叶基部近边缘细胞；
g. 叶上部横切面；h. 叶中下部横切面

观察标本：西藏日喀则市定结县，28°19′9.19″N，87°48′27.22″E，石生，海拔4228m，邵小明、寇瑾采，标本号 20140814096（主模式标本存放于 BAU）。

生境：主要生长在岩石上。

分布：中国西藏。为西藏特有种。

讨论：本种常与旱藓、昂氏藓、紫萼藓等典型岩生藓类混生，在西藏分布的生物量极低。此外，根据 Zander（1993）对本种的描述：中肋上部腹侧有凹槽，叶边缘有少量下延且下弯至接近顶端，通常有由锥形细胞形成的细尖，中肋突出叶尖，中肋上部腹侧细胞方形，主细胞常两层，腹厚壁细胞带常缺失，表明本种属于 *Vineales* (Steere) R.H. Zander 组。

本种与北美洲的内华达对齿藓 *Didymodon nevadensis* R.H. Zander 在卵状披针形的叶、叶中肋在中部最宽、中肋腹表皮细胞膨胀和中肋无腹厚壁细胞等特征非常相似。但本种与内华达对齿藓中肋伸出叶尖且在中部具距、主细胞常单层等形态特征存在差异。此外，本种的叶尖终止于一个圆锥形的细胞、叶边缘弱背卷的特征也与内华达对齿藓不同。

3.6　无疣对齿藓

Didymodon epapillatus J. Kou, X.M. Shao & C. Feng, Annales Botanici Fennici 53(5-6): 338-341. 2016.

植物体中等大，呈黄绿色。茎为不规则分枝，具中轴。叶干燥时紧贴于茎，潮湿时直立；叶呈卵状披针形；叶尖急尖或钝圆；边缘自基部至顶背卷；中肋有时及顶有时不及顶；叶片滴加 KOH 溶液呈现黄色；叶片单层细胞，叶边缘细胞可见双层；中肋横切面主细胞一层；腹表面细胞为方形；腹厚壁细胞带 1～2 层；中上部细胞为圆方形，平滑无疣，叶基部细胞不分化。孢子体未见（植物体特征见图 3-6）。

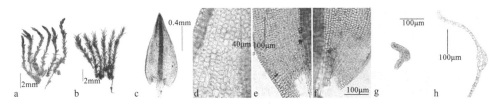

图 3-6　无疣对齿藓 *Didymodon epapillatus*（彩图请扫封底二维码）
a. 干燥植株；b. 潮湿植株；c. 叶；d. 叶上部细胞；e. 叶基部近中肋细胞；f. 叶基部近边缘细胞；
g. 叶上部横切面；h. 叶中下部横切面

观察标本：西藏拉萨市墨竹工卡县，29°58′22.4″N，90°59′8.1″E，泥墙上，海拔 4068m，邵小明、寇瑾采，标本号 20140715002（主模式标本存放于 BAU）。

生境：本种采自墨竹工卡县一个藏族庭院的泥墙上。本地区属于高原温带半干旱季风气候，大量种植大麦和苜蓿，该生境也存在一些芦荟藓、扭口藓等喜氮藓类。

分布：中国西藏。为西藏特有种。

讨论：本种与棕色对齿藓 *Didymodon luridus* Hornsch.在植株状态、叶阔卵状披针形、叶细胞平滑无疣等特征上非常相似。但本种在圆形或圆钝的叶尖、叶边缘自基部至顶部背卷、叶边缘细胞双层、中肋具 1～2 层的腹厚壁细胞带等特征上与棕色对齿藓明显不同。

硬叶对齿藓与本种在卵状披针形的叶片、叶干燥时紧贴、叶边缘细胞双层和中肋具 1 层主细胞和 1 层或更多的腹厚壁细胞带等形态特征上非常相似。然而，本种不同于硬叶对齿藓的是：本种钝的或圆形的叶尖，叶边缘下弯通常刚好在基部以上接近先端，叶细胞无疣、叶中肋终止于叶尖之下。

3.7 钝尖对齿藓

Didymodon obtusus J. Kou, X.M. Shao & C. Feng, Phytotaxa 372(1): 97-103. 2018.

植株中等大小，上部绿色到红棕色，下部红棕色到褐色。叶片卵状披针形或长圆状披针形；叶尖先端钝；上部边缘全缘，边缘具 2～3 层细胞；中肋横切面椭圆形；叶片滴加 KOH 溶液呈现红褐色；有 2～3 层主细胞；上部和中部的层细胞不规则近方形到扁球形，平滑无疣；无腹厚壁细胞带。孢子体未见（植物体特征见图 3-7）。

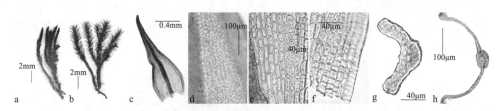

图 3-7 钝尖对齿藓 *Didymodon obtusus*（彩图请扫封底二维码）
a. 干燥植株；b. 潮湿植株；c. 叶；d. 叶上部细胞；e. 叶基部近中肋细胞；f. 叶基部近边缘细胞；
g. 叶上部横切面；h. 叶中下部横切面

观察标本：西藏山南市浪卡子县，28°55′4.386″N，90°21′57.888″E，石生，海拔 4581m，寇瑾、邵小明采，标本号 20140819050（主模式标本存放于 BAU）；西藏日喀则市昂仁县，土生，29°23′10″N，86°52′29″E，海拔 4532m，邵小明、寇瑾采，标本号 20140815037（主模式标本存放于 BAU）。

生境：本种生长在岩石和土壤上，只在西藏的两个地方发现：浪卡子县和昂仁县。浪卡子县位于喜马拉雅山脉中段北麓，也是山南地区海拔最高的地区，平均海拔 4500m。该采集地属高原温带半干旱季风气候，光照充足，年降水量约 376mm。昂仁县平均海拔 4000m 以上，属暖湿半干旱气候。由于环境恶劣，这两个地区主要覆盖草本植物、地衣和苔藓植物。

分布：中国西藏。为西藏特有种。

讨论：本种与 *Didymodon rigidulus* var. *subulatus* (Thér. & E.B. Bartram ex E.B. Bartram) R.H. Zander［现疑似被作为异名归并为 *Didymodon novae-hispaniae* J.A. Jiménez & M.J. Cano（Jiménez et al., 2022）］在双层的叶上部细胞、2～3 层叶上部边缘细胞、叶上部细胞平滑无疣及叶细胞大小和形状等特征非常相似。本种区别于后者的特征为叶片潮湿时平展、叶尖钝、中肋及顶、中肋主细胞 3 层、无腹厚壁细胞带。

多层的叶细胞和种类横切面内无腹厚壁细胞的特征也出现在 *Didymodon*

bistratosus Hébr. & R.B. Pierrot、*Didymodon fuscus* (Müll. Hal.) J.A. Jiménez & M.J. Cano、*Didymodon minusculus* (R.S. Williams) R.H. Zander，偶尔也出现在一些 *Didymodon nicholsonii* Culm.的标本中。尽管如此，*Didymodon bistratosus*、*Didymodon minusculus* 和 *Didymodon nicholsonii* 与本种的区别在于：它们具有 1～2 层的主细胞和具疣的叶细胞。*Didymodon fuscus* 与本种在叶边缘下弯从基部到或接近先端有所不同，本种具 3 层主细胞和平滑的叶细胞。然而，*Didymodon fuscus* 在叶片干燥时扭曲或皱折，叶尖锐尖，种类腹表面细胞膨大，叶上部、中部细胞腹壁强烈凸出特征上，与本种有区别。

3.8　扁肋红叶藓

Bryoerythrophyllum latinervium (Holmen) Fedosov & Ignatova, Arctoa 17: 19-38. 2008.

茎中轴发达。叶披针形；先端急尖；边缘全缘；从叶基部到近先端强烈外卷；中肋粗壮，及顶，占叶基部近 1/3；主细胞 4～5 个 1 层；上部细胞具密疣。孢子体未知。无无性生殖（植物体特征见图 3-8）。

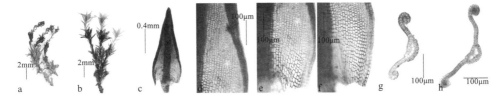

图 3-8　扁肋红叶藓 *Bryoerythrophyllum latinervium*（彩图请扫封底二维码）
a. 干燥植株；b. 潮湿植株；c. 叶；d. 叶上部细胞；e. 叶基部近中肋细胞；f. 叶基部近边缘细胞；
g. 叶上部横切面；h. 叶中下部横切面

观察标本：西藏日喀则市江孜县，土生，28°49′39.6″N，89°58′55.704″E，海拔 4382m，宋闪闪采，标本号 XZ52g01a（主模式标本存放于 BAU）；西藏那曲市嘉黎县，高山草甸生，31°22′40.548″N，91°58′9.696″E，海拔 4575m，宋闪闪采，标本号 XZ67g02a、XZ67g07b、XZ67g08a（主模式标本存放于 BAU）；西藏那曲地区，高山草甸生，31°37′0.624″N，91°43′24.456″E，海拔 4570m，宋闪闪采，标本号 XZ69g02a（主模式标本存放于 BAU）；西藏那曲地区，草原土生，31°43′13.8″N，91°48′30.348″E，海拔 4641m，宋闪闪采，标本号 XZ72g07a（主模式标本存放于 BAU）；西藏山南市浪卡子县尼玛龙村，土生，31°56′44.16″N，91°43′16.428″E，海拔 4634m，宋闪闪采，标本号 XZ74g01b（主模式标本存放于 BAU）；西藏那曲市尼玛县阿索乡，土生，31°53′7.188″N，86°3′28.188″E，海拔 4930m，宋闪闪采，标本号 XZ99g01a（主模式标本存放于 BAU）；西藏那曲市尼玛县中仓乡，土生，

31°59′6.756″N，85°2′31.2″E，海拔 4556m，宋闪闪采，标本号 XZ100g01a（主模式标本存放于 BAU）。

生境：生长范围广泛，为土生物种。

分布：本种在亚洲和北美洲有广泛的间断分布。目前已知该种在格陵兰岛北部、美国（阿拉斯加州的部分地区）、俄罗斯［塔伊米尔半岛南部（阿纳巴尔高原西北部）］、蒙古 '等地有分布。本种在中国仅在西藏有分布。

讨论：Zander（2007）认为扁肋红叶藓应作为红叶藓的异名，但本书作者认为，扁肋红叶藓在叶边缘强烈背卷和叶中肋主细胞较多特征上与红叶藓存在明显不同。此外，Fedosov 和 Ignatova（2008）通过分子系统学研究，也认为扁肋红叶藓应该作为独立的种。该种在中国仅在西藏有分布，为土生藓类。

3.9　假边红叶藓

Bryoerythrophyllum pseudomarginatum J. Kou, X.M. Shao & C. Feng, Annales Botanici Fennici 53(1-2): 31-35. 2016.

植株中等大小。叶长圆状披针形或舌形；叶尖宽急尖或圆钝，具细尖；边缘从叶基部以上强烈下弯到上部 1/3～1/2 叶长，上面具不连续齿突；中肋粗壮，及顶；中肋横切面半椭圆形，1 层有 6 个导向细胞；上部和中部叶细胞近方形至方形，具 3～5 个分叉疣；基部近中肋细胞短矩形或矩形，平滑无疣；基部边缘细胞等长或短矩形，平滑无疣；腹侧壁细胞 1～2 层，背侧壁细胞 3～4 层，肾形。未见孢子体（植物体特征见图 3-9）。

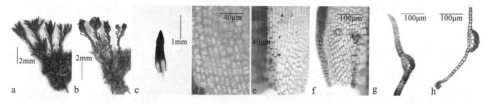

图 3-9　假边红叶藓 *Bryoerythrophyllum pseudomarginatum*（彩图请扫封底二维码）
a. 干燥植株；b. 潮湿植株；c. 叶；d. 叶上部细胞；e. 叶基部近中肋细胞；f. 叶基部近边缘细胞；
g. 叶上部横切面；h. 叶中下部横切面

观察标本：西藏山南市贡嘎县查拉山，29°39′36.288″N，91°20′29.148″E，石生，海拔 3792m，寇瑾采，标本号 STZ20140705008（主模式标本存放于 BAU）。

生境：本种生长在高寒草甸基质环绕的岩石上，生于海拔约 4625m 的高山灌木和草甸群落中。

分布：中国西藏。为西藏特有种。

讨论：本种与异叶红叶藓在形态上非常相似，但前者叶为长圆状披针形或舌形，叶尖常急尖，叶边缘无分化、叶上部边缘偶具齿，且齿为单个细胞组成。Blockeel 等（2017）发表了一个新种 *Bryoerythrophyllum duellii* Blockeel，此种在很多关键特征，如叶形、叶尖、叶边缘齿、叶边缘背卷程度等与本种非常相似，而且在此种的原始描述中也未与本种进行比较。本种目前仅在西藏发现，为石生藓类。

Bryoerythrophyllum noguchianum (Gangulee) K. Saito 与本种在叶形和具小齿的上叶缘的形态特征上相似，而本种与 *Bryoerythrophyllum noguchianum* 的不同之处在于：叶尖宽锐尖或圆形，叶基部扩大，叶基部细胞横壁加厚，叶缘从叶基以上强烈下弯至上部 1/3～1/2 处。

3.10　赞德红叶藓

Bryoerythrophyllum zanderi C. Feng, X.M. Shao & J. Kou, Nova Hedwigia 102(3-4): 339-345. 2016.

植株中等大小，高 0.9～1.6cm，上部绿色至红棕色，下部红棕色至褐色。茎皮层细胞常为薄壁细胞，中轴弱。叶卵形或短三角形或卵状披针形；叶先端圆钝或急尖，终止于 1 到数个平滑的或具疣的细胞；边缘从叶基部到先端背卷；中肋粗壮，中肋中部横切面半椭圆形；叶中肋 1 层 6～7 个主细胞；中上部细胞具 3～5 个 "C" 形疣；基部近中肋细胞短矩形或矩形，平滑无疣；基部近边缘细胞等长或短矩形（植物体特征见图 3-10）。

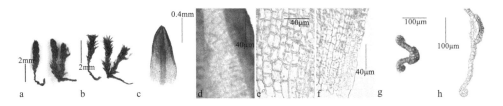

图 3-10　赞德红叶藓 *Bryoerythrophyllum zanderi*（彩图请扫封底二维码）
a. 干燥植株；b. 潮湿植株；c. 叶；d. 叶上部细胞；e. 叶基部近中肋细胞；f. 叶基部近边缘细胞；
g. 叶上部横切面；h. 叶中下部横切面

观察标本：西藏山南市贡嘎县查拉山，29°39′46.476″N，91°20′39.912″E，石生，海拔 3706m，寇瑾采，标本号 STZ20140705002［主模式标本存放于 BAU，复模式标本存放于美国密苏里植物园标本馆（MO）］。

生境：生于开阔的岩石上。达孜区全区以山地为主，平均海拔 4625m 左右，属高原温带半干旱季风气候。该区土壤类型主要为高山和亚高山草甸草原，该区最重要的生态系统是高山灌丛和草甸群落。

分布：中国西藏。为西藏特有种。

讨论：本种与 *Bryoerythrophyllum bolivianum* (Müll. Hal.) R.H. Zander 在外形上较为相似，但本种区别于后者的特征为叶尖具小尖头、非兜形、中肋及顶和中肋较宽、叶中肋 1 层、中肋含 6～7 个主细胞。本种区别于扁肋红叶藓的特征为：茎中轴不发达，叶尖圆钝和叶中肋腹侧具较宽的凹槽。

本种在形态特征上类似于单胞红叶藓和 *Bryoerythrophyllum rotundatum* (Lindb. & Arnell) P.C. Chen，三者在叶形、圆形的叶尖、叶缘背弯接近叶尖上相似，但本种与单胞红叶藓的区别为茎横切面皮部无厚壁细胞、具细尖的叶尖、具有较粗壮的中肋、无单细胞芽胞和短而光滑的叶基部细胞；与 *Bryoerythrophyllum rotundatum* 的区别在于：茎横切面皮部无厚壁细胞，干燥时叶紧贴于茎，具细尖的叶尖，叶缘强烈外卷，中肋在叶中部有 6～7 个主细胞，雌雄同株。

强烈外卷的叶缘及强劲的中肋均由叶基部延伸至近顶端，该特征与扁肋红叶藓非常相似。然而，扁肋红叶藓与本种的不同之处在于其发达的拟茎中表皮具有的厚壁细胞及发育良好的中轴、卵状披针形或披针形的叶、叶尖窄急尖或极少情况下近圆钝的叶尖。

另外两个具有强烈背卷边缘的红叶藓属植物——*Bryoerythrophyllum neimonggolicum* X.L. Bai & C. Feng 和 *Bryoerythrophyllum subcaespitosum* (Hampe) J.A. Jiménez & M.J. Cano 可能易与本种混淆。*Bryoerythrophyllum neimonggolicum* 与本种的区别为具有凸出的叶细胞、中肋主细胞较少（4 个主细胞）。*Bryoerythrophyllum subcaespitosum* 与本种的区别为前者具有舌形的叶、中肋终止于叶尖下数个细胞、中肋较窄、具 0～1 层中肋腹厚壁细胞带。

3.11 西藏卵叶藓

Hilpertia tibetica J. Kou, X.M. Shao & C. Feng, Journal of Bryology 38(1): 28-32. 2016.

植株体小，上部绿色，下部红棕色至棕色。茎具中轴。叶干燥时直立紧贴，潮湿时直立或直立—平展，宽卵形到圆形；边缘从基部到先端强烈外卷（到 2 倍），全缘；毛尖长 0.1～0.2mm；先端钝或圆形，在芒的基部不透明或稍透明；中肋横切面圆形；叶片滴加 KOH 溶液呈橙黄色；叶上部细胞方形或菱形，细胞壁稍加厚，背侧细胞壁几乎不加厚，两面凸出，具乳突；腹表皮细胞强烈凸出，主细胞 2 个 1 层。雌雄异株。蒴柄直立；孢蒴椭圆形；环带易脱落，由矩形或长形细胞组成；蒴盖圆锥形，直径 7.5～13.8μm，浅棕色，具细疣（植物体特征见图 3-11）。

观察标本：西藏山南市贡嘎县查拉山，29°39′20″N，91°20′15″E，碎石和沙土混合基质上着生，海拔 4130m，寇瑾采，标本号 STZ20140705017b（主模式标本存放于 BAU）。

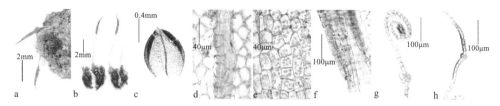

图 3-11　西藏卵叶藓 *Hilpertia tibetica*（彩图请扫封底二维码）

a. 干燥植株；b. 潮湿植株；c. 叶；d. 叶上部细胞；e. 叶基部近中肋细胞；f. 叶基部近边缘细胞；
g. 叶上部横切面；h. 叶中下部横切面

生境：在高度暴露的砾石土壤混合物上着生。达孜区全区以山地为主，平均海拔 4625m 左右，属高原温带半干旱季风气候。该区土壤类型主要为高山和亚高山草甸基质，最重要的生态系统包括高山灌丛草甸、亚高山灌丛草甸、山地草甸和山地灌丛草原。

分布：中国西藏。为西藏特有种。

讨论：卵叶藓属目前全世界仅两个种——西藏卵叶藓与卵叶藓。西藏卵叶藓区别于卵叶藓的特征为：叶湿润向上折起，中肋上部腹表皮细胞方形或短长方形，强烈凸出，环带细胞长方形。西藏卵叶藓常与小石藓属物种和真藓属物种混生，抗紫外线辐射及抗干旱胁迫能力较强。

3.12　多疣大帽藓

Encalypta papillosa C. Feng, J. Kou & B. Niu, Journal of Bryology 42(4): 326-332. 2020.

植株中等大，上部绿色，下部黄棕色。茎直立，不规则分枝，中轴弱分化。叶狭舌形或长圆状披针形；叶先端宽急尖或急尖，狭兜状，具毛尖；上部叶边缘内弯；基部平直；中肋横切面半圆形或圆形；叶上部和中部层细胞六角形或矩形，每细胞具 3～5 个分叉疣；中下部细胞具五角星状或不规则分叉的疣；基部细胞纵壁薄，横壁加厚，靠上部具前角突；基部边缘细胞壁均匀薄，分化明显，4～6 行较窄；腹侧细胞 1 行，具乳突；主细胞 1～2 层。雌雄同株。蒴柄直立或稍弯曲；孢蒴直立，表面具纵条纹；蒴齿 16，具疣；蒴帽钟状，在整个细胞的前端具前角突。孢子黄棕色，直径 28～35μm（植物体特征见图 3-12）。

观察标本：西藏那曲市安多县，31°43′26″N，91°48′27″E，土生，海拔 4682m，牛犇采，标本号 20180825003［主模式标本存放于内蒙古农业大学植物标本馆（NMAC），等模式标本存放于美国纽约植物园标本馆（NY）］；西藏那曲市，土生，31°16′14.17″N，92°09′11.19″E，海拔 4456m，牛犇采，标本号 20180826001（主模式标本存放于 NMAC）；西藏那曲市聂荣县尼玛乡，土生，31°38′43″N，92°0′25″E，海拔 4599m，牛犇采，标本号 20180824002（主模式标本存放于 NMAC）。

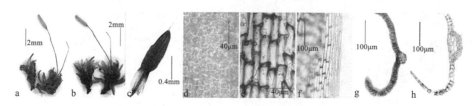

图 3-12　多疣大帽藓 *Encalypta papillosa*（彩图请扫封底二维码）

a. 干燥植株；b. 潮湿植株；c. 叶；d. 叶上部细胞；e. 叶基部近中肋细胞；f. 叶基部近边缘细胞；
g. 叶上部横切面；h. 叶中下部横切面

生境：本种分布在那曲地区的三个地点，这三个地点在气候变化及土地利用背景下均表现出较为严重的植被退化现象，而该种在该地区的高寒草甸中被发现，着生在隐蔽的洼地内，并与西藏对齿藓混生，二者生长的适宜环境较为相似。

分布：中国西藏。为西藏特有种。

讨论：由于本种具有红色的蒴柄、孢蒴上具有明显的纵条纹、仅具单层蒴齿、蒴帽包围蒴壶、孢子具有极性、叶基部边缘细胞分化的特征，因此，本种属于大帽藓中的 *Rhabdotheca* Müll. Hal.组。

本种与尖叶大帽藓在形态上较为相似，但区别于后者的特征为：叶基部近中肋细胞橙黑色，具疣，蒴帽具前角突，孢蒴表面纵褶淡黄色。

3.13　江孜大帽藓

Encalypta gyangzeana C. Feng, X.M. Shao & J. Kou, Journal of Bryology 38(3): 262-266. 2016.

植株小，上部绿色，下部褐色。茎横切面圆形，无中轴，皮部无厚壁细胞。叶狭舌形或长圆状披针形；顶端锐尖或短渐尖，毛尖短；中肋伸出叶尖，中肋在叶腹侧凸出，横切面半圆形或圆形；边缘从叶基部到上部背弯；主细胞1层，背表皮细胞未分化；叶边缘细胞偶双层，边缘从叶基部到上部背弯；上部细胞近方形，每个细胞有5～8个 "C" 形疣；基部近中肋细胞矩形，横壁厚，纵壁薄，暗橙色，平滑无疣；基部近边缘细胞具2～4排分化边。雌雄同株。蒴柄长2～7mm；蒴果未成熟；蒴帽钟形，基部缺刻状，上部平滑，喙部平滑无疣（植物体特征见图3-13）。

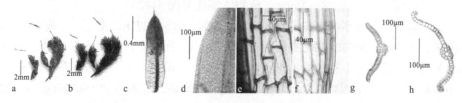

图 3-13　江孜大帽藓 *Encalypta gyangzeana*（彩图请扫封底二维码）

a. 干燥植株；b. 潮湿植株；c. 叶；d. 叶上部细胞；e. 叶基部近中肋细胞；f. 叶基部近边缘细胞；
g. 叶上部横切面；h. 叶中下部横切面

观察标本：西藏日喀则市江孜县，28°53′39.3000″N，90°6′35.7840″E，河边沼泽土生，海拔 5035m，邵小明、寇瑾采，标本号 20140818109（主模式标本存放于 BAU）。

生境：生长在河边沼泽。

分布：中国西藏。为西藏特有种。

讨论：尽管本种的孢蒴尚未完全成熟，但其蒴帽较大、钟状、蒴帽无褶且具缺刻状的基部、叶基部细胞具加厚的横向壁和薄的纵向壁且红棕色，表明本种属于大帽藓属，而非属于形态相近的墙藓属、赤藓属等。尽管大帽藓属物种的茎横切面的皮部多数具厚壁细胞带，但在本种中没有，这与 *Encalypta texana* Magill 相似。*Encalypta texana* 区别于本种的特征为茎具分化的中轴、阔椭圆形的叶片、圆钝的叶尖、中肋终止于叶尖之下、蒴帽基部具不规则的流苏。此外，本种的中肋在叶的腹表面凸出，这与大帽藓属其他物种均不同。

Encalypta procera Bruch 与本种在蒴帽长且窄、金黄色，叶片窄匙形，叶边缘两侧背弯的形态特征上相似。然而，江孜大帽藓区别于前者的形态特征为茎皮部厚壁细胞带未分化、茎无中轴、中肋腹侧凸出、“C”形叶细胞疣、蒴帽具疣。此外，*Encalypta procera* 的茎上常生有大量的红棕色假根状芽胞、中肋具较多层的厚壁细胞带（3～5 排），而本种无假根状芽胞，中肋厚壁细胞带较少（2～3 排）。

3.14　石芽藓毛尖变种

Stegonia latifolia var. *pilifera* (Brid.) Broth., Die Laubmoose Fennoskandias 145. 1923.

植物体较小，上部绿色，下部褐绿色。茎直立，具中轴。叶片宽卵形或椭圆形，先端锐尖；边缘背弯，近先端有细锯齿；中肋伸出叶尖成长芒；主细胞 1 层；叶上部细胞菱形或六角形，厚壁，两侧凸出，平滑无疣；腹表皮细胞短矩形，泡状，3～4 排，横切面近圆形。蒴柄长 0.2～0.5cm；孢蒴圆筒状，通常稍弯曲，棕色；蒴齿退化；环带由泡状细胞组成，细胞 2～3 排；蒴盖圆锥形，具一斜喙。孢子直径 38～46μm，具疣（植物体特征见图 3-14）。

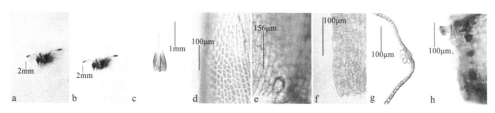

图 3-14　石芽藓毛尖变种 *Stegonia latifolia* var. *pilifera*（彩图请扫封底二维码）

a. 干燥植株；b. 潮湿植株；c. 叶；d. 叶上部细胞；e. 叶基部近中肋细胞；f. 叶基部近边缘细胞；
g. 叶上部横切面；h. 蒴齿

观察标本：西藏珠穆朗玛峰，土生，28°7′58.8″N，86°51′18″E，海拔 5185m，宋闪闪采，标本号 XZ39g01g（主模式标本存放于 BAU）；西藏那曲市安多县，土生，32°18′3.6″N，91°54′28.8″E，海拔 4725m，宋闪闪采，标本号 XZ75g11a（主模式标本存放于 BAU）；西藏那曲市双湖县，土生，33°14′49.2″N，88°42′21.6″E，海拔 5273m，宋闪闪采，标本号 XZ88g05a（主模式标本存放于 BAU）；西藏那曲市尼玛县，土生，31°53′6″N，86°3′28.79″E，海拔 4930m，宋闪闪采，标本号 XZ99g07a（主模式标本存放于 BAU）。

生境：生于土上。

分布：本种在北美洲、欧洲（西南部）、亚洲（中部、东部和北部）有分布。在亚洲，本种主要分布在格鲁吉亚、阿富汗、塔吉克斯坦、吉尔吉斯斯坦、俄罗斯（部分地区）、中国（西藏）。

讨论：本种之前被作为独立的种（Anderson et al.，1990），但 Zander（2007）将其归为石芽藓变种。我们对本种的划分也支持 Zander（2007）的观点，石芽藓毛尖变种叶片毛尖的有无和长度的变化是鉴定该物种的主要依据。

3.15　印度紫萼藓

Grimmia indica (Dixon & P. de la Varde) Goffinet & Greven, Journal of Bryology 22: 141. 2000.

植株小型，上部绿色，下部红棕色。茎无中轴。叶干燥时紧贴，潮湿时倾立，卵状披针形；无毛尖；边缘上部平直，基部稍下弯；中肋及顶，基部稍加宽，半圆柱状或近圆柱状；叶细胞平滑无疣，单层；上部和中部细胞不规则形或等径，具波状和增厚的细胞壁；中肋具 2 个主细胞；基部近边缘细胞方形或短矩形，细胞壁平直；基部近中肋细胞矩形，具稍波曲状和增厚的细胞壁。孢子体未见。石生藓类（植物体特征见图 3-15）。

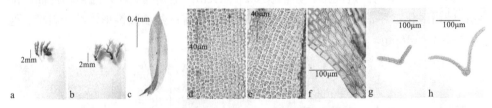

图 3-15　印度紫萼藓 *Grimmia indica*（彩图请扫封底二维码）
a. 干燥植株；b. 潮湿植株；c. 叶；d. 叶上部细胞；e. 叶近基部细胞；f. 叶基部近边缘细胞；
g. 叶上部横切面；h. 叶中下部横切面

观察标本：西藏拉萨市达孜区，石生，29°39′20.448″N，91°20′15.288″E，海拔 4130m，寇瑾采，标本号 STZ20140705018（主模式标本存放于 BAU）。

生境：生于石上。

分布：本种分布范围较小，仅在印度、尼泊尔和中国有分布，都位于喜马拉雅山脉。

讨论：本种由于具有叶尖终止于透明的小尖、孢蒴具蒴台和蒴齿自基部未分成两叉的形态特征，在紫萼藓属中较为特殊。Maier（2010）基于上述形态特征将印度紫萼藓排除出紫萼藓属，这一分类学处理还有待分子系统学等的进一步验证。

3.16　硬叶对齿藓大型变种

Didymodon rigidulus var. *giganteus* (Schlieph. ex Warnst.) Ochyra & Bedn.-Ochyra, Polish Botanical
　Journal 62(2): 183-186. 2017.

植株中等大小，下部棕色，上部绿色。茎常分枝，中轴分化。叶干燥时扭曲或弯曲，潮湿时倾立或横列，上部腹侧有槽；叶片单层；先端渐尖，不具细尖，不呈兜状；边缘全缘，自基部到叶的 2/3 至 3/4 处背弯；叶片滴加 KOH 溶液呈黄色；中肋突出叶尖，主细胞 1 层；中肋腹表皮细胞方形，平滑或具低疣；背表皮细胞方形或近方形，平滑无疣；叶上部和中部层细胞近方形或扁圆形，平滑无疣，厚壁；中肋横切面半圆形或椭圆形，腹侧有 1～3 层腹厚壁细胞，背厚壁细胞 2～4 层；基部细胞不分化，平滑无疣；基部近中肋细胞短矩形或矩形；基部近边缘细胞扁球形或方形。孢子体未知（植物体特征见图 3-16）。

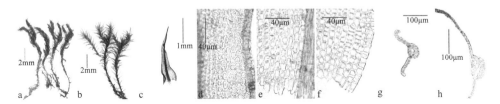

图 3-16　硬叶对齿藓大型变种 *Didymodon rigidulus* var. *giganteus*（彩图请扫封底二维码）
a. 干燥植株；b. 潮湿植株；c. 叶；d. 叶上部细胞；e. 叶基部近中肋细胞；f. 叶基部近边缘细胞；
g. 叶上部横切面；h. 叶中下部横切面

观察标本：西藏拉萨市达孜区，石生，29°39′20.448″N，91°20′15.288″E，海拔 4130m，寇瑾采，标本号 STZ20140705018（主模式标本存放于 BAU）。

生境：生于石上或土中。

分布：本种分布在欧洲、亚洲（中部、东部和西南部）及埃塞俄比亚。在中国分布在云南、新疆和西藏。

讨论：本种曾被认为是硬叶对齿藓或尖锐对齿藓的变种，之后 Jiménez（2006）认为其应作为独立的物种 *Didymodon validus* Limpr.。然而，Ochyra 和 Bednarek-

Ochyra（2017）通过分子系统学的研究结果总结出，本种正确的物种名应为硬叶对齿藓大型变种。

宋闪闪（2015）提出影响对齿藓属物种多样性和生长盖度的主要环境因子为植被盖度、土壤含水量，其次是海拔和人为干扰。马和平等（2019）对藏东南色季拉山（西坡）地面生藓类植物物种组成进行了初步研究，并指出随着社会进步、环境压力增大，苔藓植物的特有属明显衰减，苔藓植物多样性维持受到威胁。虽然已有部分研究对苔藓植物多样性的变化原因进行了分析，但目前还没有开展相应的保护措施以缓解苔藓植物物种多样性的下降。关于西藏物种多样性保护方面的研究还主要停留在部分关键物种及特有类群的资源调查方面，缺乏全面性的监测、评估和保护体系的建立（靳淮明等，2020；周亚东等，2020）。

由于苔藓植物形态矮小，结构简单，在西藏分布广泛，野外调查难度大，即使有相关的植被保护措施或政策也很难引起人们对这一类群的关注和重视。另外，当前可供参考的数据也多建立在已有研究基础上，缺少气候变化和土地利用背景下西藏苔藓植物多样性变化的连续调查及数据分析，存在数据间断现象，导致现有研究很大程度上难以揭示物种多样性连续变化的规律，使苔藓植物多样性的综合评估受阻。虽然部分学者已开展了对西藏苔藓植物多样性的调查研究工作，但由于西藏环境条件恶劣及交通通达度的限制，现有苔藓植物研究仍难以准确描述西藏苔藓植物的物种多样性变化，也难以评价其变化对生态系统稳定性的影响。此外，缺乏对苔藓植物野外调查及分类学研究具有丰富经验的工作人员，区域间的合作较少，专门用于西藏苔藓植物研究的资金支持较少，也不利于西藏苔藓植物多样性的调查及对其生态功能的充分挖掘和利用。

关于开展西藏物种多样性保护，我们认为需要注意以下几点。①开展科学全面的物种多样性资源调查，进行保护优先地区分析。利用 3S 技术制作主要珍稀濒危野生动植物分布图，探讨物种多样性时空变化规律及其与环境因子的关系，通过调查和专家咨询等多种途径对干扰因素及干扰强度展开分析，并筛选识别出主要干扰因素，通过人为干扰、自然修复等方式，恢复物种资源生存环境。并根据物种的丰富度、特有性、脆弱性和受干扰程度等指标分析物种多样性优先保护区，对受到威胁的种群或珍稀的濒危物种进行就地保护与迁地保护。②建立物种多样性长期监测和评估体系，加大环境教育宣传力度，使人们认识到物种多样性的重要生态服务价值，为开展相应的保护工作提供理论基础。由于人类干扰加剧，生境破碎化严重，迫切需要通过保护生态系统和景观生境的多样性来实现生物多样性的保护。③加大专项科研资金支持力度，建立健全物种多样性保护制度，有效开展科学研究是物种多样化资源管理与保护的重要前提和基础。只有正确认识物种发展面临的主要问题，全面了解当前物种多样性状况，才能因地制宜，制定出科学合理的发展模式，探索出产学研联动策略，逐渐实现社会、生态、经济综合效益最大化，推动自然景观和生物资源合理开发管理，从而最大限度地对西藏物种进行保护。而西藏苔藓植物这类形态矮小的优势地被植物，可以反映栖息地的环境特点并指示环境变化，利于植被促建和植被演替，因此，更应充分挖掘其生态功能，注重对其物种多样性的关注及对其群落动态的分析。

3.17　土生对齿藓

Didymodon vinealis (Brid.) R.H. Zander, Phytologia 41: 11-32. 1978.

各国苔藓植物学家对土生对齿藓的分类标准存在一定争议。密苏里植物园的 Zander（1993）按照经典分类学的研究方法及分支分类法对采集自北美地区的土生对齿藓进行了研究，揭示了土生对齿藓区别于对齿藓属其他种的形态特征为叶片呈现三角形至狭披针形，叶尖为急尖，上部边缘细胞单层或偶有双层，叶片细胞与 KOH 溶液反应呈现深红色至红棕色。Sollman 在此前研究中将尖叶对齿藓原变种 *Didymodon constrictus* var. *constrictus* (Mitt.) Saito 作为土生对齿藓的异名处理（Sollman，1983），但后续 Zander 查阅尖叶对齿藓与土生对齿藓的模式标本发现，二者在中肋腹面细胞以及叶细胞疣形状等方面具有明显的差异（Zander，1993）。随后，Zander（1998）又对该属植物进行了系统发育学研究，将土生对齿藓划分到对齿藓组 sect. *Didymodon* 中，并发现土生对齿藓与硬叶对齿藓亲缘关系较近，且二者很难被区分开。Zander（2001）后续研究发现叶片细胞与 KOH 溶液的颜色反应可将土生对齿藓与硬叶对齿藓区分开，土生对齿藓在自然界呈现棕绿色或绿色，有时为红棕色，叶片细胞与 KOH 溶液反应呈现深红色至红棕色，而硬叶对齿藓在自然界呈现黄绿色，叶片细胞与 KOH 溶液反应呈现黄色或黄橙色。Sollman（1994）认为土生对齿藓与短叶对齿藓为同一物种，但 Zander、Jiménez 等学者分别通过研究发现二者并不是同一物种（Jiménez, 2006；Zander and Ochyra, 2001；Zander，1998）。He（1998）将土生对齿藓与 *Didymodon fuscus* 归为同一物种，但后续通过对大量标本的形态学解剖，发现二者具有稳定的形态结构特征差异，土生对齿藓的叶片细胞单层，具有数个疣，中肋腹面具有透明细胞带且表皮不凸起，主细胞 1～2 层，而 *Didymodon fuscus* 叶片上部细胞多为单层或偶有双层，中肋腹面表皮凸起，主细胞通常 3 层。此外，Jiménez 和 Cano（2006）对 *Didymodon santessonii* (E.B. Bartram) J.A. Jiménez & M.J. Cano 进行修订时发现，*Didymodon santessonii* 与土生对齿藓在干燥时叶片所处的位置、叶片细胞与 KOH 溶液反应的颜色、叶形、叶片大小以及叶细胞形状均相似，但 *Didymodon santessonii* 中肋突出叶尖部分较长，且中肋腹侧表皮细胞凸起，而土生对齿藓的中肋及顶或不突出于叶尖，中肋腹侧表皮细胞不凸起，叶片边缘向后弯曲到从基部到叶片长度的 1/2

或 3/4 处。Jiménez（2006）认为区分二者最明显的特征是土生对齿藓的中肋腹侧表皮具有透明细胞，因为此特征在 *Didymodon santessonii* 中并不存在。

我国关于土生对齿藓的研究起步较晚，发展也相对滞后。最早的是陈邦杰先生提出的将土生对齿藓以及对齿藓属其他物种归入扭口藓亚科的报道（陈邦杰，1963）。自陈邦杰先生的观点提出后，我国各地出版的苔藓志均将土生对齿藓归并到扭口藓属中（赵遵田和曹同，1998；白学良，1997；高谦，1996；辽宁省林业土壤研究所，1977）。直到 2001 年出版的 *Moss Flora of China* 才首次将土生对齿藓彻底从扭口藓属中分出（Li et al.，2001）。随后，我国各地出版的苔藓志及文献资料，如《云南植物志 第十八卷 （苔藓植物：藓纲）》（中国科学院昆明植物研究所，2002）、《中国生物物种名录 第一卷 植物 苔藓植物》（贾渝和何思，2013）、《贵州苔藓植物志》（第一卷和第二卷）（熊源新，2014）以及《广东苔藓志》（吴德邻和张力，2013）等，均将土生对齿藓归入对齿藓属中。田桂泉等（2009）利用经典分类学方法对腾格里沙漠沙坡头及其周边地区藓类植物的研究显示，土生对齿藓在长期进化过程中演化出了适宜干旱区的稳定性功能性状，如土生对齿藓繁殖方式为无性繁殖，可降低生殖过程对水的依赖；植物体密集丛生，密集丛生的植物体可提高土壤保持水分的能力；叶片干燥时抱茎，可减少水分散失；繁殖方式为无性繁殖，细胞壁加厚并具有 2～3 个钝圆疣，可减缓水分蒸发速度，增加对太阳光的反射进而降低植物体表面温度。此外，植物体地下部分较长有助于富集土壤营养物质，促进结皮层形成，起到抵御风蚀、腐蚀的作用。寇瑾等（2012）采用扫描电镜观察土生对齿藓叶细胞疣以及乳突的结构，以及对比分析国内外苔藓植物学家对于丛藓科形态结构的研究结果发现，土生对齿藓叶细胞表面及横切面具有单圆疣，其疣的形态与净口藓的圆疣非常相似，从而得出土生对齿藓与净口藓亲缘关系较近。杨雪伟等（2016）利用徒手切片法对黄土丘陵区土生对齿藓、短叶对齿藓、扭口藓和真藓进行形态学解剖观察，研究结果显示，与其他三者相比，土生对齿藓作为该地区藓类结皮中的优势物种，具有中肋粗壮、茎横切面积较大以及叶片细胞排列紧密等特点，更有利于水分运输并防止水分蒸发，抵御干旱能力较强。

作者及作者所在的研究团队对西藏分布的土生对齿藓样品进行了较为深入的研究，现将获得的形态学特征和分子生物学研究结果展示如下，以期为目前该物种存在的争议的解决提供科学依据。

3.17.1 土生对齿藓形态学研究

野外标本采集完成后，将所获取的样品放置于通风处自然晾干，以防止样品因潮湿而腐烂，并利用不锈钢刀片及不锈钢高精密镊子除去表面杂质后将其放置于标本袋中保存，详细记录其栖息地生境特点和分布点位信息。借阅中国科学院植物研究所、中国科学院昆明植物研究所、中国科学院沈阳应用生态研究所苔藓植物标本馆的西藏土生对齿藓标本，整理文献资料中西藏地区土生对齿藓的点位数据。上述前期工作准备完成后，在体视显微镜下将样品置于蒸馏水中进行清洗，用滤纸吸干植株表皮水分后将其放置于标本袋中备用，并进行体视显微镜下形态变异幅度的比较分析。观察的形态结构特征包括茎分枝情况、叶片着生位置、叶形、中肋、叶尖特征、叶细胞及叶细胞疣形态等。进行形态特征观察时参考的各地区主要文献资料见表 3-1。

表 3-1　各地区主要文献资料

文献资料	作者及发表年份
《东北藓类植物志》	辽宁省林业土壤研究所，1977
《秦岭植物志 第三卷 苔藓植物门 第一册》	中国科学院西北植物研究所，1978
《西藏苔藓植物志》	中国科学院青藏高原综合科学考察队，1985
《中国苔藓志 第二卷 凤尾藓目 丛藓目》	高谦，1996
《内蒙古苔藓植物志》	白学良，1997
Moss Flora of China	Li et al.，2001
《云南植物志 第十八卷（苔藓植物：藓纲）》	中国科学院昆明植物研究所，2002
《广东苔藓志》	吴德邻和张力，2013
《贺兰山苔藓植物彩图志》	白学良，2014
《贵州苔藓植物志》（第一卷和第二卷）	熊源新，2014
《山东苔藓植物志》	赵遵田和曹同，1998
"A Monograph of Japanese Pottiaceae (Musci)"	Saito，1975
"Genera of the Pottiaceae: Mosses of Harsh Environments"	Zander，1993
"A Phylogrammatic Evolutionary Analysis of the Moss Genus *Didymodon* in North America North of Mexico"	Zander，1998
Macroevolutionary Systematics of the Streptotrichaceae of the Bryophyta and Application to Ecosystem Thermodynamic Stability	Zander，2017
"Macroevolutionary Versus Molecular Analysis: Systematics of the *Didymodon* Segregates *Aithobryum*, *Exobryum* and *Fuscobryum* (Pottiaceae)"	Zander，2019

本研究形态结构包括：①植物体疏丛生，植株高度受气候影响变化幅度较大，范围为 2.5～20mm，植株呈黄绿色，茎直立，单一或偶有分支，横切面呈圆形，直径 0.10～0.15mm，中轴分化；②叶片同形，长 1～2.5mm，干燥时皱缩、卷曲或弯曲，紧贴于茎，潮湿时伸展，呈现三角形或狭披针形，先端锐尖，叶片全缘，边缘向背面卷曲，中下部多皱褶，基部呈卵圆形，叶片细胞单层或边缘偶有两层，与 KOH 溶液反应呈现深红色至红棕色；③中肋粗壮，及顶或突出叶尖，呈现棕

色至红棕色，中肋上部腹面表皮细胞通常伸长，呈方形或短矩形，具疣，中肋背面表皮细胞呈亚方形或短矩形，光滑或具疣，不存在腹厚壁细胞带，背厚壁细胞带不分化或者只分化为 1 层，中肋横切面呈圆形，中肋中央主细胞 1～2 层，2～4 个；④叶片中上部细胞呈短矩形或圆方形，细胞壁加厚，具有 1～3 个疣，基部细胞明显分化，呈现正方形及短矩形，具疣，细胞壁较薄或轻微加厚，且中肋两侧不存在长形透明细胞；⑤不存在芽胞，雌雄异株，蒴柄细长，略带红色，孢蒴直立，呈现圆柱形，蒴齿细长，向左一回旋钮。西藏分布的土生对齿藓的形态结构如图 3-17 所示，形态特征差异见表 3-2。

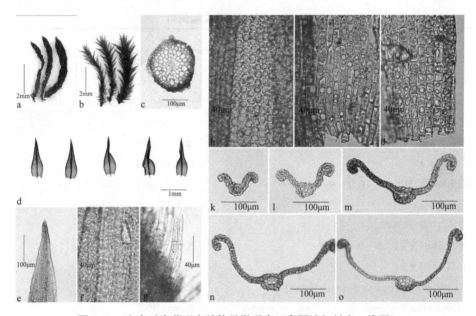

图 3-17　土生对齿藓形态结构显微观察（彩图请扫封底二维码）

a. 植物体干燥状态；b. 植物体潮湿状态；c. 茎横切面；d. 叶片；e. 叶尖；f. 叶片上部中肋背面；g. 腋毛；
h. 叶片上部细胞；i. 叶片基部细胞；j. 叶片基部边缘细胞；k～o. 叶横切面

表 3-2　土生对齿藓形态特征比较

	中国	欧美	*Moss Flora of China*
植物体	疏丛生	疏丛生	松散或浓密丛生
颜色	黄绿色	黄绿色	黄绿色
茎	直立，偶有分支	直立，偶有分支	直立，偶有分支
叶片（干燥）	扭曲	扭曲	扭曲
叶片（潮湿）	伸展	伸展	伸展
叶片形状	三角形或披针形	三角形或披针形	三角形或披针形
叶边	全缘，背卷	全缘，背卷	全缘，背卷
上部叶片细胞	多角状圆形	多角状圆形	不规则多角状圆形

续表

	中国	欧美	*Moss Flora of China*
基部叶片细胞	方形	方形	方形
上部叶片细胞壁	加厚	加厚	加厚
基部叶片细胞壁	较薄	较薄	较薄
中肋	粗壮，长达叶尖	粗壮，长达叶尖	粗壮，长达叶尖
KOH 颜色反应	深红色至红棕色	深红色至红棕色	深红色至红棕色
疣	1～3 个	4～6 个	具疣
透明细胞	无	可有可无	未记录

研究表明，我们目前观察到的西藏分布的土生对齿藓与我国以往对对齿藓形态特征的描述及欧美地区目前针对土生对齿藓的形态特征描述具有几方面共同点：第一，植物体丛生，植株呈黄绿色，与 KOH 溶液反应呈深红色至红棕色；第二，茎直立，单一或偶有分支，茎横切面为圆形，有中轴，且中轴分化；第三，叶片干燥时皱缩并卷曲，紧贴于茎，潮湿时倾立伸展，叶呈现三角形或披针形，叶细胞单层，但叶边缘偶见双层细胞，叶尖急尖，不易脱落，叶边全缘，平整，边缘从叶片基部至 1/2 处以下背曲，上部叶片细胞呈多角状圆形，细胞壁加厚，基部叶片细胞呈方形，细胞壁较薄；第四，无腹厚壁细胞带，背厚壁细胞带不分化或轻微分化成 1 层，腹面表皮分化，不凸起，光滑或具疣，背面表皮分化。针对土生对齿藓形态特征的争议主要集中在：Jiménez 认为土生对齿藓中肋上部腹侧近叶尖处具有透明长细胞，Zander 认为该特征可有可无，中国苔藓植物标本馆馆藏和搜集到的标本的中肋上部腹侧近叶尖处不具有透明长细胞。此外，国内外针对土生对齿藓叶细胞疣的数量问题存在较大争议，国外学者针对欧美地区对齿藓属物种的研究显示，土生对齿藓叶细胞疣的数量为 4～6 个，而中国学者针对中国地区土生对齿藓的研究显示，土生对齿藓叶细胞疣的数量普遍为 1～3 个。我们观察到西藏地区分布的土生对齿藓与欧美地区土生对齿藓在叶细胞疣数量以及中肋上部腹侧近叶尖处是否具有透明细胞方面存在明显区别。

苔藓植物形态结构较为简单，不具有真正的根、角质层及高效的内部水分运输系统。简单而独特的生物学特性使之对气候变化更为敏感，受综合环境影响的变异幅度也较大。西藏地区的气候与地形复杂多样，极大的环境条件差异导致了不同区域的土生对齿藓形态特征存在一定差异。但疣是藓类植物细胞壁或角质层的外生物，也是丛藓科植物关键且稳定的分类学特征（Kou et al.，2014；寇瑾等，2012；Zander，1993；Magill，1990）。疣结构也被认为是藓类植物在长期物种进化过程中形成的有利于藓类植物水分疏导和避免强光对叶片伤害的关键结构（吴玉环等，2004；Buch，1945，1947）。已有文献表明，丛藓科植物的疣具有多态性，疣的存在与否、类型、数量、密度、直径、高度等特点均被认为是该科属种划分的主要分类学依据（Zander，1993，2007，2017；Kou et al.，2014；寇瑾等，2012；Li et al.，2001）。同时，对齿藓属是藓类植物丛藓科中一个典型的具疣类群，尽管对齿藓属物种存在较大幅度的变异，但其叶细胞疣可以作为稳定的分类依据（Kou et al.，2014）。因此，从形态特征的对比可以看出，西藏分布的土生对齿藓的形态结构并非是栖息环境导致的不同程度的变异，该物种的关键形态结构特征已与欧美地区的土生对齿藓存在明显差异。

3.17.2 土生对齿藓分子系统学研究

随着科学技术的不断发展，苔藓植物的研究实现了从宏观层面到微观层面的跨越式转变，国外开始利用分子系统学的技术方法，通过核基因、叶绿体基因、线粒体基因构建系统发育树来判定物种间的亲缘关系（Werner et al.，2009；Grundmann et al.，2007）。Mishler 等（1992）和 Waters 等（1992）利用分子方法探究了苔藓植物的系统分类地位，为后续利用分子技术进行苔藓植物的分类学研究奠定了基础。

国外在对齿藓属物种的分子系统学研究中，Werner 等（2004）最先利用 *ITS1* 和 *ITS2* 核基因分别构建了藓类植物的系统发育树，将物种的形态特征与分子系统树的结果相结合，对土生对齿藓、灰土对齿藓、北地对齿藓等的亲缘关系进行了研究。Werner 等（2005）对源自地中海地区、马卡罗尼西亚、亚洲西南部和中部的对齿藓属物种进行了分子系统学的研究，通过 30 个对齿藓属物种 *ITS1*、*ITS2*、5.8S rRNA 基因的测序和系统发育树的构建发现，土生对齿藓与 *Didymodon insulanus* (De Not.) M.O. Hill、*Didymodon lamyanus* (Schimp.) Thér.、*Didymodon nicholsonii* 等聚为同一分支。该基因测序工作也为对齿藓属物种与扭口藓属物种的明显区分提供了充足的证据。Kučera 和 Ignatov（2015）利用 1 个核基因 *ITS* 序列和 2 个叶绿体基因 *rps4*、*trn*M-*trn*V 序列对欧洲和亚洲的部分对齿藓属下 *Rufidulus* 组中的物种进行了分子系统学研究，结果发现，鹅头叶对齿藓应归属于 *Didymodon* 组，而 *Didymodon norrisii* R.H. Zander 应从 *Vineales* 组中移出。Kučera 等（2018）基于核基因对对齿藓属物种构建的系统发生树显示，土生对齿藓与土生对齿藓的一个变种 *Didymodon vinealis* var. *rubiginosus* 聚为同一分支。国际上利用分子技术探究对齿藓属物种的系统分类地位对我国开展分子技术在对齿藓中的应用起到了很大的推进作用。

我国对对齿藓属物种的分子生物学研究虽然起步较晚，但也取得了一定的研究成果。赵东平（2008）利用分子数据探究了对齿藓属物种的系统发育关系，结果显示，土生对齿藓与硬叶对齿藓细肋变种亲缘关系较近，二者在形态特征上也有一定的相似性。此外，土生对齿藓在形态上与心叶对齿藓 *Didymodon cordatus* Jur. 和短叶对齿藓有较多相似之处，导致土生对齿藓分类地位存在争议。赵小丹（2015）

基于 5 个叶绿体基因，利用最大似然法、最大简约法以及邻接法对短叶对齿藓的复合群进行了系统发育研究，以此来探究短叶对齿藓、土生对齿藓以及心叶对齿藓三者之间的关系，结果表明，短叶对齿藓和心叶对齿藓是复合群中亲缘关系较近的姐妹分类单元，土生对齿藓明显与二者分离。

张桐瑞（2016）利用蒙古高原地区土生对齿藓样本、西班牙地区土生对齿藓样本，基于叶绿体基因 *rps4* 与核基因 *ITS* 构建了系统发生树，结果表明，土生对齿藓与 *Didymodon insulanus*、*Didymodon nicholsonii*、*Didymodon lamyanus* 等聚为同一分支，且支持率较高。这些研究均为我们对西藏采集到的土生对齿藓的进一步研究提供了很好的参考。

我们用于分子系统学研究的西藏分布的土生对齿藓样本采自不同的降水区。选择了对齿藓属的近缘属——扭口藓属中的红叶藓和扭口藓、墙藓属中的泛生墙藓、细丛藓属中的 *Microbryum curvicolle* (Hedw.) R.H. Zander 作为外类群，并从 GenBank 中下载了国内外已有的对齿藓属的叶绿体基因（*rps4*、*trn*M-*trn*V 序列）进行系统发育树的构建。实验材料中土生对齿藓的 DNA 采用康为世纪生物科技有限公司基因组 DNA 提取试剂盒进行提取，DNA 的提取、检测及目的基因片段扩增的具体实验方法，以及 DNA 数据处理及系统树的构建详见《中国地区土生对齿藓的分类学修订及潜在地理分布研究》（王月，2021）。其中，PCR 扩增产物交由生工生物工程（上海）股份有限公司进行双向测序，测序的结果通过 ContigExpress 软件进行拼接，并通过 ClustalX 1.81 软件进行序列的比对，针对变异位点通过序列峰图核对其准确性，再利用 BioEdit v7.1.3 软件针对不正确的变异位点进行手工校正，最后将叶绿体引物 *rps4* 及 *trn*M-*trn*V 的序列进行串联拼接。土生对齿藓核基因及叶绿体串联基因的系统发育树采用 MrBayes3.1.2 软件构建，并计算各分支后的验概率。西藏分布的土生对齿藓与世界范围内该属的其他物种的系统发育树如图 3-18 所示。结果表明，西藏分布的土生对齿藓与鹅头叶对齿藓 *Didymodon anserinocapitatus* 互为姐妹分支，与心叶对齿藓 *Didymodon cordatus* 的系统关系较近，且属于对齿藓属下 *Didymodon* 组下类群。这与国际上对土生对齿藓的研究结果相差较大（Zhang et al.，2023）。

苔藓植物的表现型受到环境与基因的共同作用，外界环境条件发生变化可引起苔藓植物形态结构产生变异（Grether，2005；Kaplan and Pigliucci，2001），可能造成形态结构相似的物种在分类上的混淆，这也是国内外针对土生对齿藓分类学关键特征存在分歧的原因。而基因型具有相对较为稳定，不会随环境条件变化，DNA 作为遗传信息的载体信息量大等优点（赵小丹，2015）。因此，基于分子系统树结果获取的西藏分布的土生对齿藓的分类学地位可信度更高。与形态学结果一致，分子系统学研究也证明西藏分布的土生对齿藓与欧美地区的土生对齿藓并非相同物种，如图 3-18 所示。

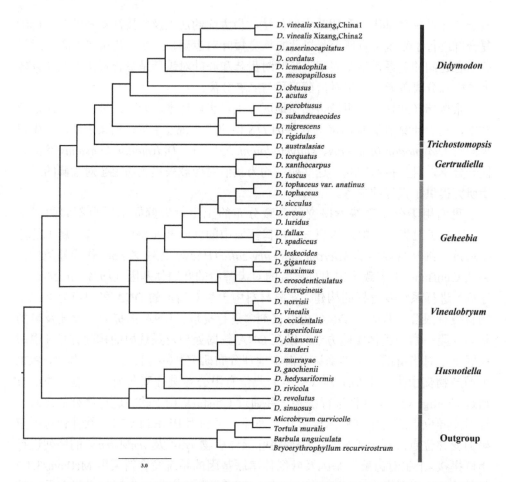

图 3-18　西藏分布的土生对齿藓核基因及叶绿体串联基因的系统发育树（彩图请扫封底二维码）
Didymodon：狭义对齿藓属；*Trichostomopsis*：丝齿藓属（新拟）；*Gertrudiella*：凸肋藓属（新拟）；*Geheebia*：棱角藓属（新拟）；*Vinealobryum*：密疣藓属；*Husnotiella*：凸壁藓属（新拟）；Outgroup：外类群

3.17.3　土生对齿藓分布特点研究

土生对齿藓主要分布于树林下或灌丛下的钙质土，荒漠及荒漠草原等沙质土壤，以及阴面坡地潮湿的岩石表面的薄土层。野外调查发现，土生对齿藓的生态幅较宽，多丛集而生并在较为干旱的生境形成土壤结皮层以阻挡风蚀水蚀的侵袭，为维管植物的定植和促建起到了重要的生态作用。

本研究全面搜集和整理了西藏土生对齿藓的地理分布信息，通过文献资料的整理和国内主要标本馆标本和资料的借阅获取了一定的二手数据，通过野外系统调查收集了较为准确的西藏土生对齿藓的位点信息。在已知物种的生物学需求基础上，结合土生对齿藓的生境特征，我们选取了海拔、坡度、坡向等地形因子和不同类型的温度、不同类型的降水等气候因子对西藏分布的土生对齿藓的分布格局进行模拟（该部分具体方法和模型详见第 4 章）。对西藏土生对齿藓的分布中心和潜在分布格局的研究结果表明，西藏分布的土生对齿藓的分布中心为西藏半干旱区，高海拔的半干旱区分布的可能性次之，东部半湿润区也具有一定的分布可能。这与其北温带广布的地理成分的分布特征相符。

　　本研究预测了西藏分布的土生对齿藓潜在分布格局，同时也获取了不同环境变量对其分布格局影响的结果（如图 3-19 所示）。在所有变量中海拔、年平均气温、年平均降水量是影响西藏分布的土生对齿藓最主要的三个变量，而最冷月最低气温、最暖季度平均气温、最湿季度降水量也对西藏分布的土生对齿藓的分布格局有很大的影响。研究结果还表明，当年平均气温为 2～14.3℃，平均气温日较差为 16.3～16.8℃，等温性为 45.3～49，最热月最高气温为 17.5～27℃，最冷月最低气温为–15.2～0.7℃，最湿季度平均气温为 10.5～22℃，最干季度平均气温为–4.5～0℃，最暖季度平均气温为 10.6～20.3℃，最冷季度平均气温为–6.7～7.6℃，年降水量为 350～490mm，最湿月降水量为 100～130mm，最干季度降水量为 260～300mm，最暖季度降水量为 250～300mm，海拔为 2200～4500m，土生对齿藓在西藏分布的可能性最高，具有最大范围的适生区。这一研究结果说明西藏分布的土生对齿藓的适宜生境范围会被海拔和降水量限制，土生对齿藓是典型的旱生藓类，这符合对齿藓属物种的普遍生物学特性。

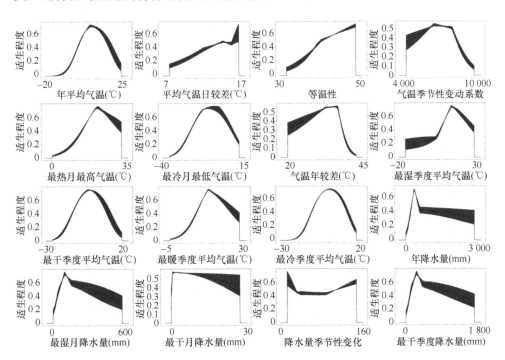

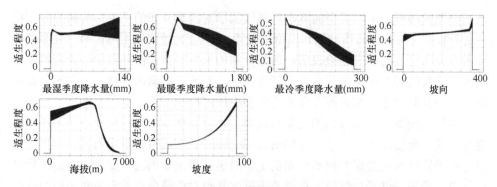

图 3-19　西藏土生对齿藓潜在分布格局（彩图请扫封底二维码）

第 4 章　西藏优势藓类分布格局

西藏环境特殊，气候及海拔空间异质性高，是一个研究物种空间分布格局及其与生态因子关系的天然实验室，但由于高原环境的特殊性和交通的不便给野外系统调查带来了很大阻力。近些年，利用物种分布模型（species distribution model，SDM）预测不同植物类群的分布特征、评价物种与环境因子的关系的技术方法得到了较为广泛的应用。将地理信息系统与空间分布模型相结合，模拟不同分类群分布格局及其对气候变化的响应也已在苔藓植物的研究中得到广泛应用（Nawrocki et al.，2020；Wilson et al.，2019）。物种分布模型的应用给西藏物种多样性的保护及物种分布格局的调查和预测带来极大便利。

目前的空间分布模型主要包括一般线性模型（GLM）、广义相加模型（GAM）、支持向量机模型（SVM）、生物气候因子分析（BIOCLIM）、最大熵模型（MaxEnt）、规则集遗传算法（GARP）和异构领域自适应算法（HDA）等（肖麒等，2020；Sahragard and Chahouki，2016）。大量研究表明，MaxEnt 和 GARP 与其他模型相比具有所需样本少、易于操作等优点，已被较好地应用于物种分布格局的预测（Wilson et al.，2019；Sahragard and Chahouki，2016；Phillips et al.，2009）。值得注意的是，MaxEnt 和 GARP 的原理不同，在模型的应用方面各具独特和不足之处。在原理上，MaxEnt 强调在气候、地形、土壤、植被、人为干扰等影响下物种的现实生态位，而 GARP 强调在无其他因素干扰的理想条件下物种可能占据的地理环境空间，偏向于基础生态位（Srivastava et al.，2020；陈陆丹等，2019；Sahragard and Chahouki，2016）。此外，MaxEnt 更适合环境因子驱动下的分布预测，而 GARP 更适用于物种入侵的预测（Sahragard and Chahouki，2016；Phillips et al.，2009）。这两个模型也存在一定的不足之处，如 MaxEnt 容易过度拟合，并且易受到物种采样偏差的干扰从而导致预测结果不可靠，但通过野外系统调查的均匀样点布设、环境变量的自相关分析及模型参数的设置可以大大提高模型预测的精准度（Newbold，2010）；GARP 通过遗传算法自动搜索与物种分布有关的环境因子，选取最优规则集映射到研究区域进行适生区的预测，在预测的过程中会将更多的验证点预测为存在，从而导致适生区范围扩大（陈陆丹等，2019；Sahragard and Chahouki，2016）。在国内外已发表的苔藓植物空间分布的预测研究中，往往单纯使用 MaxEnt 进行预测分析，并且很少考虑环境变量的过度拟合问题（Song et al.，2015；Jiang et al.，2014）。然而，MaxEnt 中所遇到的过度拟合问题可以通过模型的设置、样点的筛选、环境变量的自相关分析等途径加以规避，因此在众多物种分布模型中，MaxEnt 可以更好地针对物种的发生信息和所需要的环境因子进行物种空间分布的预测，并可根据结果分析不同的环境因子对研究对象分布的贡献量和影响。目前，MaxEnt 也已在旱生藓类分布格局预测的研究中得到较好的应用，如对对齿藓属植物在我国西藏半干旱区和新疆地区分布格局的预测（Kou et al.，2020；夏尤普等，2018；Song et al.，2015）。

　　苔藓植物分布广泛，适应性强，是青藏高原主要地被植物之一，也具有重要的生态作用，然而有关其分布格局的研究相对较少，西藏藓类植物与环境因子间的关系也需要进行更多的探究。目前，已有的研究和作者团队的系统调查均表明丛藓科是西藏广泛分布的优势土生藓类，紫萼藓科是西藏分布的优势石生藓类，这些优势藓类在西藏的湿润区、半湿润区、干旱区、半干旱区均有分布。然而，以科级水平进行优势藓类分布格局的探索既不能准确把握不同优势藓属的分布特点、适生区环境及不同优势藓属潜在分布格局的差异性，也不能揭示不同优势藓类与环境因子间的关系。因此，本章以西藏分布的丛藓科、紫萼藓科中的代表性优势藓属作为研究对象，利用物种分布模型预测西藏优势藓属的分布格局，并揭示不同环境因子对其分布格局的影响及各属间的差异性。本章模拟的物种点位信息均来自作者博士期间西藏系统调查获取的一手数据，博士后期间团队及合作单位共同获取的一手数据，以及国内相关的文献资料及著作、从国内主要标本馆借阅标本获取的二手数据。

4.1　西藏代表性优势藓属的筛选

　　对齿藓属是藓类植物丛藓科中的一个大属，目前世界范围内普遍接受的对齿藓属物种超过 140 个（Kou et al.，2019；Kou and Feng，2017；Jiménez and Cano，2008；Jiménez，2006；Jiménez et al.，2005；Zander，1993）。对齿藓属物种广泛分布于温带及高山地区，是我国干旱区、半干旱区生物土壤结皮的主要成分（赵芸等，2017；红霞等，2016；杨雪伟等，2016；杨永胜等，2015）。对齿藓属物种形成的藓结皮可以起到防风固沙、促进养分循环、提高养分利用率、增加水分渗透功能等作用，并可以减缓气候变化对微生物群落的影响，促进维管植物群落的建立，为干旱区域的生态功能平衡作出了重要贡献（Eldridge and Delgado-Baquerizo，2019；Rosentreter et al.，2016；Deines et al.，2007）。目前已有的一些研究表明，对齿藓属植物的物种多样性和空间分布格局与海拔、气温、降水、植被等环境因子有一定的相关性，且对气候变化有明显的响应，是敏感的环境指示植物（Kou et al.，2020；寇瑾，2018；夏尤普等，2018；Song et al.，2015）。在对中国对齿藓属物种的最新修订中，Li 等（2001）记录了对齿藓属的 19 个种和 1 个变种在中国范围内的分布。之后，贾渝和何思（2013）记录了对齿藓属的 26 个种和 3 个变种。通过不断的野外调查和物种形态学、分子系统学及生态位的探究，我们已将中国分布的对齿藓属物种数量扩充到了 40 余种（详细信息见第 2 章和第 3 章）。地理信息数据的累积和物种多样性的不断增加都驱使我们去探索这类典型土生优势藓类的分布格局及其与环境因子的关系。

红叶藓属 *Bryoerythrophyllum* P.C. Chen 最初由陈邦杰根据其植株在自然界中常呈红色而从对齿藓属中分出的独立属（Zander，2007）。当前世界上红叶藓属约有 30 个种被接受（Feng et al.，2016a；Zander，2007）。尽管属内一些物种在世界上广泛分布，但亚洲和拉丁美洲仍是该属物种分布最多的区域。尤其是在亚洲，许多学者都对红叶藓属进行了大量研究，如 Saito（1975）对日本红叶藓属物种的研究，Fedosov 和 Ignatova（2008）对整个俄罗斯及亚洲其他地区分布的部分红叶藓属物种进行的研究，Aziz 和 Vohra2008 年对印度分布的红叶藓属物种的研究，以及 Li 等（2001）和高谦（1996）对中国分布的红叶藓属物种的研究等。在我国，Li 等（2001）记录了红叶藓属 9 个种和 1 个变种，其中 7 个种分布在西藏。这一情况表明，相较于我国其他省份，西藏红叶藓属物种多样性较高。而已有的文献资料表明，红叶藓属内的一些物种在高原地区和极端环境下普遍存在（任冬梅，2012；Zander，2007）。目前，世界范围内接受的我国红叶藓属物种有 13 种，而西藏分布的红叶藓属物种就有 12 种（Kou et al.，2020；贾渝和何思，2013；Li et al.，2001），我国红叶藓多样性较高。红叶藓属物种成熟的植株呈现红棕色，在光学显微镜和解剖镜下滴加 KOH 溶液也呈现红色，与其他同科属种相比更易区分。因此，对该西藏优势藓属分布格局及其与环境因子关系的探究也具有重要的生态学价值。

扭口藓属 *Barbula* Hedw.被认为是丛藓科最大属，Zander（2007）记录该属大约有 200 种。现代扭口藓属的概念主要是基于 Saito（1975）的分类学处理，他认为腋毛全由透明细胞组成，中肋上部腹侧形成内凹沟槽，叶片中上部细胞疣较大、细胞腔较为模糊，中肋上部突出叶形成锐尖或由 1 到多个细胞构成的细尖，蒴齿长且扭曲。此外，扭口藓属物种的芽胞较对齿藓属物种的大。上述特征使得扭口藓属可以与对齿藓属和红叶藓属明显区分。起初，Saito（1975）将扭口藓属分成 3 个亚属，分别是 *Barbula* Schimp.、*Streblotrichum* (P. Beauv.) K. Saito 和 *Odontophyllon* K. Saito。此后，Zander（1993）对 Saito 的分类学处理进行了扩展，并将之前的亚属降为组，同时承认之前的一些组的地位，如 *Hyophiladelphus* Müll. Hal.组和 *Bulbibarbula* Müll. Hal.组。Zander 的分类学处理得到了多数学者的认同，但 Li 等（2001）仍保留石灰藓属的地位。近期，Kučera 等（2013）对扭口藓属的部分组进行了分子系统学研究，将 *Hydrogonium* 组和 *Convolutae* 组提升到属的地位，并建立了一个新属 *Gymnobarbula* Jan Kučera。在我国扭口藓属的研究中，Li

等（2001）接受了 Zander（1993）的观点，将对齿藓属从扭口藓属中独立出来，接受我国分布有 8 种。在后来出版的中国苔藓植物名录中，王利松等（2018）确认我国现有扭口藓属物种 24 种，其中西藏分布 14 种。近年来，我国学者对扭口藓属植物的研究扩展到生理生态等方面，如发现扭口藓属物种可以适应多种生境，是黄土丘陵常见的耐旱藓类（郭玥微等，2022），还是一些金属矿区和煤矿区分布的常见藓类（王登富和张朝晖，2015）。

墙藓属 *Tortula* Hedw.是丛藓科中形态特征变化最丰富的属之一，全世界约有 138 种，主要分布在北半球的温带地区（Cano and Gallego，2008）。该属的概念自属建立到 20 世纪末的近 200 年间争议不断，涉及很多属是否应归并到墙藓属内，以及很多物种的划分（Cano and Gallego，2008）。Zander（1993）在他对世界丛藓科属一级的研究专著中，将陈氏藓属 *Chenia* R.H. Zander、*Dolotortula* R.H. Zander、细齿藓属 *Hennediella* Paris、卵叶藓属 *Hilpertia* R.H. Zander、*Sagenotortula* R.H. Zander、*Stonea* R.H. Zander 和赤藓属从墙藓属中分离，并将丛藓属 *Pottia* Ehrh. ex Fürnr.和球藓属 *Phascum* Hedw.中的部分物种以及整个链齿藓属 *Desmatodon* Brid.并入墙藓属中。自此，墙藓属有了明确的属的概念：茎具中轴，无表皮厚壁细胞层且无表皮大型透明薄壁细胞；叶片滴加 KOH 溶液呈黄色，中肋横切面具腹细胞和背细胞，中肋背厚壁层具水螅形细胞，中肋腹厚壁层常不分化，中肋背厚壁层常分化并呈半圆形。当前，墙藓属可划分为 4 个组：*Tortula* Hedw.组、*Cuneifoliae* (Bruch & Schimp.) Ochyra 组、*Schizophascum* (Müll. Hal.) R.H. Zand.组和 *Hyophilopsis* (Card. & Dix.) R.H. Zand.组。Zander（1993）对墙藓属的分类学处理得到了分子系统学和原丝体发育等证据的支持（Werner et al.，2002，2004；Spagnuolo et al.，1997）。然而，当前对墙藓属尚未有全面系统的修订，仅在部分地区，如西班牙（Guerra et al.，2006）、芬兰（Nyholm，1989）、爱尔兰（Smith，2004）、墨西哥（Sharp et al.，1994），以及美洲的一些区域（Cano and Gallego，2008；Flora of North America Editorial Committee，2007）有研究。有关我国墙藓属物种的研究中，Li 等（2001）在部分接受 Zander（1993）观点的基础上，认为我国墙藓属包括 7 个种和 1 个变种，而未接受 Zander（1993）将链齿藓属、球藓属和丛藓属并入墙藓属的处理。在后来出版的中国苔藓植物名录中，王利松等（2018）认为我国现有墙藓属物种 24 种 1 变种，其中西藏分布 11 种。除分类学研究外，近期地理分布（Kropik et al.，2021）、组织培养（黄士良等，2021）等方面的研究也涉及部分墙藓属物种。

赤藓属 *Syntrichia* Brid.是丛藓科中物种最丰富的类群之一，大约包含 90 个种。该属物种是隐花植物群落主要的成员之一，在生物土壤结皮、林下苔藓群落中广泛分布。尽管属内多数物种在世界范围广泛分布，但其分布的热点地区为南美洲，并有部分物种具有在不同大洲的间断分布模式（Gallego et al.，2022；Jauregui-Lazo et al.，2023；Gallego and Cano，2021）。赤藓属物种在形态特征上表现出极其丰富的多样性，其属的特征可概括为：叶中肋具弯月形的背厚壁层、中肋背细胞缺失、叶细胞滴加 KOH 溶液呈红色、叶基部细胞分化并在中肋两侧形成 "U" 形、蒴柄长于孢蒴、雌苞叶常不分化、蒴齿分化、蒴帽兜形且平滑。而其他特征，如叶形、叶边缘卷曲程度、叶边缘分化程度、叶上部边缘齿的构造、叶细胞层数、毛尖、中肋背表皮细胞的大小和疣的形态、茎表皮厚壁细胞层、表皮大型透明薄壁构成的透明层、茎中轴等变异幅度大，以上特征不具分类学价值（Gallego et al.，2022）。自 Zander（1993）确定赤藓属的定义后，相关的研究不断深入，涉及属内物种地位的调整（Brinda et al.，2021；Gallego et al.，2014）、一些物种的归并（Gallego et al.，2009，2011）和新种的描述（Gallego and Cano，2021；Gallego et al.，2020）。最近，Brinda 等（2021）基于分子系统学研究，将之前认为和赤藓属亲缘关系很近的一些小属归入赤藓属中，属的概念被扩展，各组间的系统位置也发生了变化，并提出了属下 9 个组的划分：*Syntrichia* Brid.组、*Calyptopogon* (Mitt.) Broth.组、*Sagenotortula* R.H. Zander 组、*Willia* Müll. Hal.组、*Streptopogon* Wilson ex Mitt.组、*Magnisyntrichia* Brinda, Jáuregui-Lazo & Mishler 组、*Eosyntrichia* Brinda, Jáuregui-Lazo & Mishler 组、*Aesiotortula* R.H. Zander 组和 *Vallidens* (Müll. Hal.) Brinda, Jáuregui-Lazo & Mishler 组。Li 等（2001）接受 Zander（1993）的观点，将赤藓属从墙藓属中独立出来，接受中国分布有 6 个种。在后来出版的中国苔藓植物名录中，王利松等（2018）确认中国现有赤藓属物种 12 种，其中，西藏分布 5 种。近些年，除了分类学相关的研究外，赤藓属物种在生理生化（Yin et al.，2021）、生物土壤结皮组成（吴楠等，2020）、功能基因（Silva et al.，2021）等分析上取得了一定进展。

值得注意的是，从形态特点上对齿藓属、红叶藓属、扭口藓属、墙藓属、赤藓属的物种均具有适合干旱环境的形态结构特征。例如，植株密集丛生，叶边缘背卷，有利于避免紫外线伤害和疏导水分的叶细胞疣结构（Kou et al.，2014；Zander，1993）。且这几个属既是西藏的优势旱生藓类，也是生物土壤结皮的主要成分（Bao et al.，2019；Jia et al.，2018；Deines et al.，2007）。这几个优势藓属之间还存在不同的亲缘关系（Ochyra et al.，2008；Werner et al.，2005）。对这一类群适生区及物种分布格局与环境因子关系的探究既有利于了解其分布格局及栖息地生态环境的脆弱性，又有助于理解植物形态结构与功能的统一和探索物种分化的历程。

另外，本研究还充分考虑到了不同生长基质的优势藓类植物。例如，石生的紫萼藓属 *Grimmia* Hedw.，紫萼藓属也是西藏的主要优势藓类代表（详见第 2 章）。紫萼藓属隶属于紫萼藓科 Grimmiaceae，是该科中分布广、种类多的大属（Ignatov and Cao，1994）。紫萼藓属物种既是岩石表面的先锋植物，也是一些极端生境的优势物种（Ochyra et al.，2008；Bell，1984），同时还是研究抗旱生理机制和退化生态环境恢复的重要材料（沙伟和宋晓宏，2009；Proctor，2004；Csintalan et al.，1999）。该属物种的形态特征，如植物体大小、茎中轴分化程度、叶形、毛尖、叶细胞形态和层数以及部分孢子体特征等均极富变化，导致物种常常难以界定，一些关键的形态特征也不易区分（Feng et al.，2014；Miller and Hastings，2013；Maier，2010）。紫萼藓属是世界范围内公认的分类学问题最为复杂的类群之一（Ochyra，1998），在过去的几十年间引发了众多学者的关注（Ignatova and Muñoz，2004；Maier，2002；Muñoz and Pando，2000；Nyholm，1998；Cao and Vitt，1986；Deguchi，1978）。在我国，紫萼藓属的分布也较为广泛（杜超等，2008；张家树等，2003；Cao et al.，2003；辽宁省林业土壤研究所，1977；陈邦杰，1963）。自上一次对我国紫萼藓属修订后的十多年间，一系列新记录种和新种被报道，根据作者的最新统计，中国紫萼藓属已由 *Moss flora of China* (Volume 3)记录的 23 种增加到了 36 种（Bednarek-Ochyra，2004），之前记录的部分物种的地位也发生了变化（Greven and Feng，2014；Feng et al.，2013，2014；Maier，2010；Greven，2003；Muñoz and Pando，2000）。西藏紫萼藓属的物种多样性相较于丛藓科优势属的明显偏低，但是紫萼藓属物种出现频率较高，分布范围较广。因此，对该属分布格局及其与环境因子关系的探究也是探索西藏石生生境稳定性的前提和基础。

4.2　优势藓属分布格局

苔藓植物是变水植物，水分是其生存和繁殖必需的（吴鹏程，1998a），所以潜在蒸发量和降水量是影响其分布格局的关键环境因子。西藏是主要的增温区域，并且有大面积的干旱区和半干旱区，而丛藓科、紫萼藓科这两个优势藓科中的大部分属种都是这两个区域的主要藓类，我们进行模拟的优势藓属也是这两大科内物种多样性组成相对较多的代表性旱生藓属，所以温度、干旱指数也是我们考虑到可能影响其分布格局的重要环境变量。此外，这几个代表性优势旱生藓属的物种叶细胞多具疣，疣结构被认为具有折射太阳辐射、高效传导水分进而起到保护植株的作用（Kou et al.，2014），所以太阳辐射这一变量也被考虑到模拟分布格局的模型中。此外，目前没有文献报道西藏分布的优势藓类与被子植物覆盖度的相关性，也没有可靠的证据说明其空间分布格局与土壤性质、人为干扰等因素的关系，尽管紫萼藓属物种属于岩生藓类，但其藓丛具有很强的积累土壤的能力，这些被积累的土均为表层沙土。因此，基于丛藓科、紫萼藓科内典型的耐旱性强的属种的生物学特性，本研究选择了土壤的酸碱度、含沙量、含泥量，以及土地利用和人口密度等添加到环境变量数据集中。西藏最特殊之处就在于它的平均海拔超过 4000m，海拔的变化会导致温度、降雨、蒸发量、植被类型和覆盖度，以及土地利用和人口密度等方面的变化，海拔也被认为是导致物种空间分布异质性的主要驱动因子，因此地形数据也是一个必须考虑的环境变量。基于以上考虑，该部分涉及的环境变量包括不同类型的温度及降水的气候数据，海拔、坡度、坡向等地形数据，植被数据，土壤数据，以及人为干扰数据等。该部分以开源数据为主，其中 19 个生物气候变量来源于 WorldClim 数据库（http://www.worldclim.org）；蒸发量和干旱指数来源于 WorldClim 数据库的相关数据模拟出来的数据（http://www.cgiar-csi.org，2017～2018）；地形数据中的海拔来源于 USGS GTOPO30（http://www1.gsi.go.jp/geowww/globalmap-gsi/gtopo30/gtopo30.html，2017～2018），而坡度、坡向是通过海拔，运用 ArcGIS 转化处理得到的数据；土壤数据来源于 SoilGrid（ftp://ftp.soilgrids.org/，2017～2018）；植被归一化指数（www.vgt.vito.be，2017～2018）、土地利用（250m分辨率的中国土地利用数据，http://data. ess.tsinghua.edu.cn/data/Simulation，Yu et al.，2019）、光照和人口密度数据由国际地理信息科学与地球观测学院的汪铁军教授所提供（具体信息见表 4-1）。所有环境变量数据均通过 ArcGIS 10.5 处理到1km 的分辨率。本研究结合了物种生态位理论，充分考虑了不同优势科属的生态需求，可为后续物种基础生态位、分布格局的模拟及环境因子对物种分布格局的影响和驱动机制的分析提供基础数据。

表 4-1　用于运行西藏优势藓属分布预测的环境变量数据

类别	环境变量	简称	单位
生物气候变量	年平均气温	Bio1	℃
	平均气温日较差	Bio2	℃
	等温性	Bio3	—
	季节温度	Bio4	℃
	最温暖月的最高气温	Bio5	℃
	最寒冷月的最低气温	Bio6	℃
	气温年较差	Bio7	℃
	最湿润季度平均气温	Bio8	℃
	最干旱季度平均气温	Bio9	℃
	最温暖季度平均气温	Bio10	℃
	最寒冷季度平均气温	Bio11	℃
	年降水量	Bio12	mm
	最湿润月份降水量	Bio13	mm
	最干旱月份降水量	Bio14	mm
	季节降水量	Bio15	mm
	最湿润季度降水量	Bio16	mm
	最干旱季度降水量	Bio17	mm

续表

类别	环境变量	简称	单位
生物气候变量	最温暖季度降水量	Bio18	mm
	最寒冷季度降水量	Bio19	mm
	潜在蒸发量	PET	mm
	干旱指数	Aridity	—
	太阳辐射	Solar	J/m^2
地形	海拔	Elevation	m
	坡度	Slope	°
	坡向	Aspect	°
植被	最小植被归一化指数	NDVI_min	—
	平均植被归一化指数	NDVI_mean	—
	最大植被归一化指数	NDVI_max	—
	植被归一化指数标准偏差	NDVI_sd	—
土壤	酸碱度	pH	—
	含沙量	Sand	kg/kg
	含泥量	Silt	kg/kg
人为因素	土地利用	Landuse	—
	人口密度	Pop	—

注："—"代表没有单位

MaxEnt（Version 3.3.3e，Phillips et al.，2006）被应用于预测西藏不同优势藓属的空间分布格局。其收敛值为系统默认设置值（10^{-5}），最大重复次数为 500，背景点值 10 000，规则化重复值为 1。背景值的设置主要参考高原植物类群应用 MaxEnt 进行空间分布预测的高精确度设置，以及西藏优势藓类空间分布格局预测的高精确度设置（Kou et al.，2020；Yu et al.，2015a，2017；Song et al.，2015）。环境变量和物种发生样点均按照相应背景值设置，进行 10 次的重复运行，并以逻辑输出方式输出。MaxEnt 背景设置选择"Random seed"。对西藏代表性优势藓属现今的空间分布主要进行了两方面的预测：一方面是基于气候、地形、植被、土壤、人为干扰等环境变量与点位发生信息进行西藏优势藓属空间分布格局的预测；另一方面是基于各个环境变量与物种分布格局的关系确定影响其分布的关键生态因子并探索其基础生态位。

此外，MaxEnt 输出的结果除了具有物种的分布格局外，还伴随模型的评价体系。MaxEnt 结果的输出可以得到受试者工作特征曲线下面积（area under the ROC curve，AUC），可以用来检验和评价模型的精确度。AUC 检验是一种阈值独立方法，被认为是独立于阈值概率的建模性能的有效评价指标，可以用于评价模型是否能够正确地对所使用的训练数据进行模拟（Jiménez-Valverde，2012；Vilar et al.，2011）。

MaxEnt 提供了一种排名方法，用于评估与随机分布比较的模型物种分布的差异（Baldwin，2009）。AUC 值的范围是 0～1，AUC 值为 0.9～1 表明预测的结果非常好，0.8～0.9 为很好，0.7～0.8 是较为清楚的预测结果，0.6～0.7 为结果一般，而 0.5～0.6 或者更低的数值则已经不能够明确体现出物种分布的可能性（Swets，1988）。此外，真实技巧评价（true skill statistic，TSS）是另一种评估模型精确度的方法。TSS 可以将物种的敏感性（sensitivity）和特异性（specificity）考虑在内，其计算来源于：TSS = sensitivity + specificity −1 （Allouche et al.，2006）。计算 TSS 值，需要使用阈值将模型输出转换为二进制，存在或者不存在。阈值设置为 TSS 最大化的值（TSS_{max}）（Yu et al.，2017；Liu et al.，2013）。TSS 值的范围是从 −1 到 1，当 TSS 值为 0 的时候表示模型为随机分布模型；正值表示模型提供的预测结果与物种实际发生的情况接近；负值则表示预测的结果并不优于随机分布（Allouche et al.，2006）。AUC 和 TSS 的最终值都是由 10 次结果进行平均后得出的值。

本研究执行了基于气候、地形、植被、土壤、人为干扰等不同类型的 34 个环境变量和物种发生点位为参数的模型运行。本研究中 AUC 值为 0.810～0.888，TSS_{max} 值为 0.643～0.689，说明模型结果良好，预测的结果真实可靠。结果表明，红叶藓属与对齿藓属的分布格局最为相似，二者均主要分布在西藏的半干旱区，也就是西藏的中部拥有最高的分布可能性，在藏北的干旱区和高海拔的半湿润区对齿藓属物种的分布可能性很低，低海拔区域的湿润区二者分布的可能性也非常低，而在低海拔的半湿润区红叶藓和对齿藓的分布可能性介于二者之间。扭口藓属物种的分布范围最小，尽管扭口藓属物种也更倾向于分布在西藏的半干旱区，但主要以西藏中部低海拔半干旱区为主，无论是西藏的干旱区还是湿润区、半湿润区扭口藓属物种分布的可能性均较低。这可能与扭口藓属物种多以喜氮藓类为主，多出现于农田附近和人为扰动相对较大的区域。西藏的半干旱区是西藏全区最主要的经济、文化、活动中心，农田较多，旅游业相对发展较好，更适宜扭口藓属物种栖息。墙藓属是这 6 个代表性优势属中分布范围最广的一个类群。墙藓属物种以西藏半干旱区为分布中心，并且无论是西藏中部的高海拔半干旱区还是低海拔半干旱区都有很高的分布可能性，而且该属在西藏的干旱区和半湿润区也有相对较高的分布可能性，这说明该属是这 6 个代表性优势属中在西藏分布最广的类群，其生态幅更宽，具有更强的抵御干旱、寒冷、强光等胁迫的能力，更利于在高寒生态系统中稳固定居。赤藓属的分布中心以西藏高海拔干旱区和半干旱区、低海拔半干旱区和东南部半湿润区为主，也具有较广的潜在分布范围，但较墙藓属而言，赤藓属物种在阴湿环境也存在较高的分布可能，可能反映出西藏的半湿润区和湿润区也存在一些处于干旱条件的微生境。紫萼藓属尽管是优势的石生藓类，但也在西藏的半干旱区表现出了较高的分布可能性，且该属在西藏半湿润区和湿润区也存在一定的高分布可能性。

总体来看，这 6 个西藏代表性优势藓属的分布格局表现出了明显的共性，即均在西藏半干旱区具有最高的分布可能，在大面积的干旱区、高海拔半湿润区和低海拔湿润区具有低的分布可能性。一方面，由于半干旱区是西藏范围最大的气候区，其环境条件更利于旱生藓类的成功定居和生长发育，同时也体现了这 6 个优势藓属生态位重叠的特点和抗干扰和胁迫的能力。另一方面，模型对分布格局的预测主要是源于物种发生点位信息和栖息地环境条件共同进行的模拟，所以干旱区和湿润区点位信息的缺乏也对模型的结果造成了一定的影响。但西藏大面积的干旱区主要以高寒荒漠和无人区为主，交通不便，极端干旱、寒冷、温差过大的环境条件，缺少人力、物力的支持都给该区域的调查带来极大的风险和挑战。

此外，这 6 个优势藓属的潜在分布也存在明显的差异，如系统关系最远的紫萼藓属的分布中心和分布范围就与丛藓科中的 5 个优势属的分布格局具有明显的差异，紫萼藓属在半湿润区和湿润区，尤其是藏东南部的林下区域也有大量的分布，而亲缘关系最近的对齿藓属和红叶藓属的分布格局也表现出了显著的相似性。已有研究表明，植物属分布格局的研究较科分布格局的研究更有意义。因为属是由属内各个物种组合而成，而物种又是由各个种内的居群即个体或者个体群等实体构成，较少因环境异质性而引起概念性的变动，相对科而言更为稳定。同一个属内的物种应有单一的起源和比较一致化的演化趋势，分类学特征和生理生态学特征都更为接近，均在其进化过程中随地理环境的变化产生相近的动态变化（吴征镒等，2011）。这也是这 6 个优势藓属分布格局表现出相似性和差异性的原因。

4.3 环境因子对优势藓属分布格局的贡献量

MaxEnt 输出的结果同时还会生成 Jackknife 刀切图（图 4-1）。刀切图可以通过各环境变量对物种空间分布的贡献值进行比较和分析，从而评估各个环境变量对物种空间分布的重要性（Prates-Clark et al.，2008）。刀切图结果表明，气候、地形、植被、土壤、人为干扰对西藏分布的土生和石生优势藓属的分布产生了不同的影响。在这 5 个类型的环境变量中，潜在蒸发量、年平均气温、年降水量、海拔、平均植被归一化指数、土壤含沙量、土地利用率是最具有代表性的影响西藏优势藓属的环境变量，它们对西藏优势藓属分布格局影响的贡献量如图 4-1 所示。

Song 等（2015）对西藏对齿藓属分布格局的模拟结果显示，气候和地形是影响对齿藓属现今分布格局的最主要环境变量。大量文献资料也表明气候和地形是大尺度下物种空间分布的主要驱动因素（Stein et al.，2014；Bruun et al.，2006）。本研究从更多样的环境变量和更全面的点位信息出发去探索西藏优势藓属的潜在分布格局，以及影响这些优势藓属空间分布格局的主要环境驱动力，尝试通过物种分布模型和科属间的差异性特点去探索其生存策略。我们的研究结果表明，潜在蒸发量

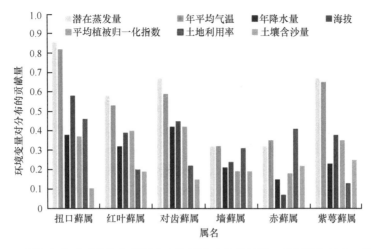

图 4-1　环境变量对西藏优势藓属分布格局影响的贡献量（彩图请扫封底二维码）

是对西藏优势藓属的分布影响最大的气候变量（赤藓属除外，其潜在蒸发量的贡献值位居第二），这与苔藓植物的生物学特性密不可分。苔藓植物由于没有维管组织，其对水分及营养物质的吸收主要来自于降水和大气沉降，没有角质层及单层细胞的结构特点又使其更易被大气环境所影响。潜在蒸发量是一种测量大气通过蒸发蒸腾过程而得到水分的能力（Zomer et al.，2008），潜在蒸发量的变化可以导致苔藓植物与空气直接接触的微环境的改变，进而影响苔藓植物的生长和发育。

　　气温相关的环境变量对这 6 个优势藓属物种空间分布格局的贡献明显更高，这说明土生和石生的优势旱生藓类的分布格局受气温的影响很大。随着西藏气候变暖，这几个优势藓属的分布范围可能会发生一定的变化。此外，总体上看，年平均气温是对西藏优势藓属分布格局影响很大的关键环境变量，但降水却提供了相对较少的贡献量。在一些研究中，季节变量常常被更多地关注。因为季节性气温和降水的变化可以体现出物种对栖息地资源的要求，以及物种的耐受性和物种间对资源的竞争力（Yu，2017；Quintero and Wiens，2013），季节性也可以作为物种分布范围变化的过滤器（Gouveia et al.，2013）。但我们研究的过程中发现，这几个优势藓属的分布格局与季节性气温和降水等环境变量的相关性小，而与最温暖季度、最湿润季度、最寒冷季度的平均气温及最温暖月的最高气温的相关性却很大，这说明这几类优势藓对季节更替导致的气温变化没有特别的敏感，其属内物种对资源的需求相对较少，这也是它们能成为高寒区域干旱区、半干旱区优势植被组成的重要原因。但其潜在分布格局在雨热同期的季度受各个环境因子的综合影响较大，很可能反映其生长、发育、繁殖、定居的阶段更倾向于雨热同期的温暖湿润的环境条件，这也符合植物本身对水分和营养物质的需求。

　　除以上气候变量，地形也是影响这 6 个优势藓属物种空间分布格局的非常重要的一个类别，但地形变量中坡度和坡向的贡献极小，可以忽略不计。不同海拔区的环境条件存在很大的差异。例如，低海拔区域的湿度较高，植被覆盖度较大，由于对资源和空间的抢占等竞争关系，并不利于旱生藓属物种的长期定居；而高海拔的干旱区有大面积的荒漠区域，表层沙土不易固定，导致一部分孢子体或者配子体处于不稳定和资源短缺的极端环境，同样不适合藓类稳固定居和繁殖。另外，导致干旱区和高海拔湿润区分布可能性低的原因是采样点在这两个区域分布较少，而预测的结果往往倾向于模型背景数据的模拟结果（Wittmann et al.，2016），因此今后的研究会考虑对这两个区域进行进一步的补点采集以积累更多的样本信息。值得注意的是，赤藓属分布格局与海拔的相关性极低，几乎不会受到海拔的影响，所以赤藓属在西藏的半湿润区和湿润区等低海拔区域也有一定的分布。

对于植被变量，Jackknife 的结果显示，平均植被归一化指数对西藏优势藓属分布格局影响所提供的贡献值相对较低。这与 Song 等（2015）中植被覆盖度对对齿藓分布格局具有主要影响的结果存在明显差异。就整个西藏的环境而言，高大的乔灌木形成的森林环境集中于湿润区域，而湿润区域并不是多数优势旱生藓属物种倾向的定居环境。在较为干旱的区域植被主要以高寒草原草甸为主，旱地植被覆盖度低并不能给苔藓植物提供大面积较为荫蔽的栖息地环境，所以总体上看，西藏优势旱生藓属的分布格局并未受到植被覆盖度很大的影响。

西藏分布的这 6 个优势藓属的物种主要着生基质为土壤、岩缝内沙土、石上及其表层薄土层，文献资料显示，尽管苔藓植物可以或多或少地从土壤吸收水分和营养物质，但十分有限，并且定量化研究表明物种分布与土壤的理化性质和酸碱度并没有直接关系（Tyler and Olsson，2016）。此外，苔藓植物的拟根结构没有维管组织，其主要功能是支撑，苔藓植物主要通过大气沉降吸收养分供植物体生存和繁殖，所以苔藓植物的生长并不会受限于基质类型，也不会过多地受到基质条件的干扰（Glime，2011；吴鹏程，1998a；Schofield，1985）。我们的研究结果也表明，土壤分类里的各个指标对这 6 个优势藓属物种分布的贡献值很低，仅土壤含沙量的贡献值高于其他类型的土壤变量。一方面证明了旱生藓类的生物学特性；另一方面解释了旱生藓类具有重要生态作用的原因，例如，常作为土壤结皮的主要成分，起到防风固沙的作用。而 6 个优势藓属中，紫萼藓属和赤藓属的分布格局与土壤含沙量的关系最大，也体现了这两个属的物种在固沙方面可能具有更大的优势和潜能。

最后，人为干扰中人口密度对优势藓属分布格局的影响极低，但土地利用却对多数优势藓类具有一定的作用。半干旱区的土地利用方式以耕种、放牧为主，这种方式的土地利用将造成大面积原生植被的破坏，土壤沙化、盐渍化加剧，重构土层中土壤肥力下降，这不仅仅影响苔藓植物的定居，更会对寒旱区草地的生长和保护造成不利影响。长期的人为干扰活动将造成土壤贫瘠，生境趋于破碎化，植物扎根困难，原生物种难以生存，植物在个体、种群、群落等各个组织水平的生态过程均将受到不同程度的影响。此外，土地利用过程中产生的生态效应往往具有时间累积性和空间延展性，而针对西藏有效的植被恢复措施研发相对滞后，给植被促建和生态恢复带来很大困难。

4.4　优势藓属分布格局与关键环境因子的关系

响应曲线（response curves）可以很好地体现单一环境变量与物种空间分布的关系，可以显示在什么范围或者确定值下，物种空间分布的可能性最高（Baldwin，2009）。根据 Jackknife 显示的各个环境变量对 6 个优势藓属分布格局的贡献量，我们筛选出了对扭口藓属、红叶藓属、对齿藓属、墙藓属、赤藓属和紫萼藓属有较大影响的相同类型的温度变量（包括年平均气温、最湿润季度平均气温、最寒冷季度平均气温）、降水变量（年平均降水量、最温暖季度平均降水量）和海拔进行对比分析，以进一步体现单一的关键环境变量与 6 个优势藓属物种空间分布格局的关系（图 4-2）。

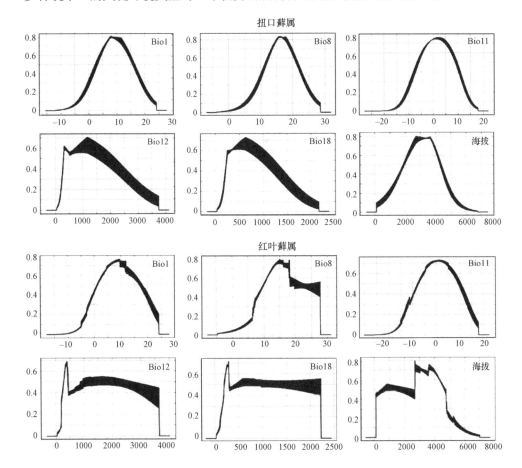

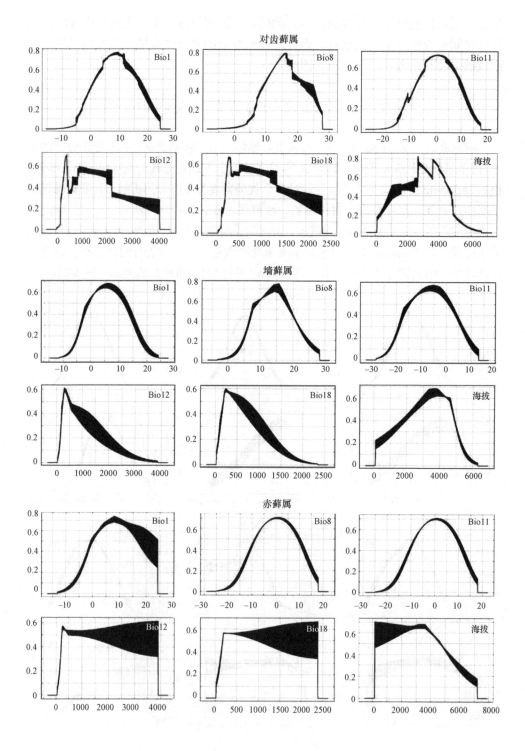

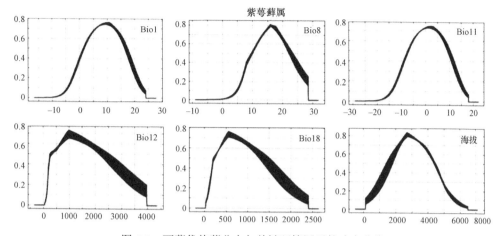

图 4-2　西藏优势藓分布与关键环境因子的响应曲线

横坐标代表不同关键环境变量的数值，纵坐标代表物种分布的可能性。Bio1：年平均气温（℃）；Bio8：最湿润季度平均气温（℃）；Bio11：最寒冷季度平均气温（℃）；Bio12：年平均降水量（mm）；Bio18：最温暖季度降水量（mm）；海拔单位 m

　　总的来看，多数响应曲线都要经历一个快速上升的过程，当其到达某个确定值后优势藓属分布的可能性最高。而所有西藏优势藓属的分布都有各自独特的适宜环境条件，除墙藓属和赤藓属的潜在分布格局与年平均降水量和最温暖季度降水量的相关性不大以外，其他优势藓属都对应着不同变量的范围使其分布的可能性超过 0.6。此外，尽管模型的精确度较高，但是西藏干旱区的样点偏差导致了响应曲线不够平滑，进而对适宜环境变量范围的预测结果也存在一定的影响。

　　响应曲线的研究结果表明，对扭口藓属分布最为适宜的生境条件是年平均气温 4~14℃、最湿润季度平均气温 12~21℃、最寒冷季度平均气温-5~7.5℃、年平均降水量 800~1300mm、最温暖季度降水量 350~800mm，以及海拔 2200~4100m；对红叶藓属分布最为适宜的生境条件是年平均气温 3~15℃、最湿润季度平均气温 11~18℃、最寒冷季度平均气温-5~7.5℃、年平均降水量 300~400mm、最温暖季度降水量 250~350mm，以及海拔 2600~4300m；对对齿藓属分布最为适宜的生境条件是年平均气温 4~13.5℃、最湿润季度平均气温 12~17.5℃、最寒冷季度平均气温-5~7.5℃、年平均降水量 350~450mm、最温暖季度降水量 250~350mm，以及海拔 2600~4300m；对墙藓属分布最为适宜的生境条件是年平均气温 2~9℃、最湿润季度平均气温 10~17.5℃、最寒冷季度平均气温-6~4℃，以及海拔 3100~4500m；对赤藓属分布最为适宜的生境条件是年平均气温 3~16℃、最湿润季度平均气温 10~24℃、最寒冷季度平均气温-5~7.5℃，以及海拔 1000~4000m；对紫萼藓属分布最为适宜的生境条件是年平均气温 3~15℃、最湿润季度平均气温 12~21.5℃、最寒冷季度平均气温-5~8℃、年平均降水量 650~1750mm、最温暖季度降水量 400~1150mm，以及海拔 1900~4100m。每个物种都有自己独特的基础生态位，物种间也存在一定的生态位重叠现象。通过适宜条件范围的确定我们可以对具有重要生态功能的物种进行栖息地和物种的保护及重要生态功能的挖掘和利用。

第 5 章　西藏优势藓属对气候变化的响应

不列颠生态学会从全球的生态学基本问题中挑选了 100 个最能代表目前研究现状和将来亟待予以研究的热点问题，在这些问题中，环境变化和复杂生态系统相互作用的研究、人类和全球气候变化影响的预测以及物种多样性和生态系统功能保护等问题均是重中之重（Sutherland et al., 2013）。其中，气候变化一直被认为是物种多样性、群落结构、生态系统功能和稳定性最大的威胁之一（Denley et al., 2019；MacLean et al., 2018）。随着气候变化，部分类群通过较强的形态可塑性和生理耐受性适应了变化后的生境（Ficetola et al., 2016；Tuba et al., 2011）；部分类群则表现为多样性下降，甚至灭绝（He et al., 2016）；还有部分类群则是生态位发生改变，定居于更适宜的环境（Yu, 2017；Zakharova et al., 2017）。总体而言，气候变化会使不同类群栖息地的环境条件发生改变，从而对物种多样性、群落结构和空间分布格局产生影响，甚至破坏不同生态系统的功能和稳定性（Schückel et al., 2015；Jiang et al., 2014）。反之，物种多样性、群落结构和空间分布格局对气候变化同时具有指示作用（Ye et al., 2018；Sun et al., 2017）。因此，选择对气候变化较为敏感的类群进行相应指标的分析，既符合科学前沿发展态势，又对物种多样性和生态系统的保护具有重要的理论意义。

在过去的 100 年中，全球平均气温持续上升，21 世纪仍将保持升高趋势（Kou et al., 2020）。而 IPCC 的评估报告和文献资料指出，在全球气候变化的大背景下，中国也表现出了明显的气候变化，并以气候变暖为主（Yang et al., 2019；IPCC, 2014）。西藏在全国气候区划中属青藏高原气候区，具有海拔高、太阳辐射强、日照时数长、气温低、空气稀薄、大气干洁、干湿季明显、冬春季多大风等独特且复杂多样的气候特征，在气候变暖的驱动下，近 50 年来西藏地区增温幅度较同期中国东部和全球平均大，年平均气温的线性增温速率远远高于中国近 50 年的增温速率。而且，这种趋势预计在 21 世纪末还将持续加强，预计到 2100 年，青藏高原年平均气温将升高 2.6℃至 6.5℃（Yao et al., 2019；Palazzi et al., 2017；He et al., 2016；Chen et al., 2013；Liu and Chen, 2000）。尽管西藏地区的气温和风速变化趋势与青藏高原整体趋势相同，但变化幅度的空间差异明显大于青藏高原其他地区。对于降水而言，不同于青藏高原的其他地区在空间上统一增加的趋势，西藏地区的降水量同时受南亚季风和西风的影响，更加复杂（Guo et al., 2019；Yang et al., 2019）。

目前，国内关于植物对气候变化的响应研究主要集中在植物的生理特性、种群和群落的动态分布变化以及生态系统对气候变化的响应研究方面，也有学者对植物功能性状对气候变化的响应展开了研究，提出植物功能性状能较为敏感地响应气候变迁，并指示全球气候变化趋势及其对生态系统的影响（韩丽冬等，2021；吴雅华等，2021）。例如，赵如（2014）分别从整体到划分为高、中、低三个海拔梯度两个层次，对比探讨了不同气候条件下长苞冷杉的存活率、死亡率、年龄结构以及样地存活数的差异，并对之进行了原因分析，发现气温和降水的增加有利于不同海拔梯度上长苞冷杉的更新，但对于郁闭度较好的低海拔天然林来说，密度增加可能使样地内的长苞冷杉竞争更加激烈；李和阳等（2020）结合历史文献与数据资料，初步探索了西太平洋海区浮游植物叶绿素 a 浓度对气候变化响应的概念模型，并指出在气候变化影响下浮游植物的分布在不同时空尺度上呈现不同的变化；Du 等（2021）调查了东亚 44 个栓皮栎种群的气孔密度、气孔大小以及叶面积、单位面积叶质量等叶片功能性状，并对这些种群与环境因素的关系进行了研究，发现，气孔密度和单位面积叶质量随降水量的减少而增加，表明这两个叶片功能形状可能协同增强植物的抗旱性；常佩静等（2021）基于研究区监测点气候要素和植被物候观测资料，采用线性倾向率和逐步回归等方法，分析了气候变化特征以及主要物候期的时间演化趋势，进而讨论了影响植物物候变化的气候驱动因子；吴洋洋（2013）基于天童国家森林公园 100km 范围内 27 个气象台站1951~2009 年的历史气象数据以及这 60 年来该地区的气候变化趋势，对该地区常绿阔叶林植被动态变化与气候变化的关系进行了讨论，发现随着天童周边地区气温的显著上升，群落内物种多样性增加（尤其是乔木），常绿成分增加，且群落更新状况良好（小径级别的个体很多）；陆双飞等（2020）基于中国植被图划分的植物功能型，对西南地区部分省份植物功能型地理分布在气候变化下的响应进行了研究与讨论，筛选出影响高寒草甸和高寒常绿阔叶灌木的主导环境因子为气温和海拔；牛书丽和陈卫楠（2020）系统地综述了不同全球变化因子，包括 CO_2 和 O_3 浓度升高、气候变暖、降水格局变化、氮沉降增加、土地利用变化等，对陆地植物生理生态、群落结构及生态系统功能等的影响以及全球气候变化对海洋生态系统的影响，并对生态系统的关键过程以及生物多样性的变化进行了详细的探讨。这些均为西藏气候变化对植被影响的研究提供了很好的技术方法和基础理论支撑。

西藏作为青藏高原的主体，是全球气候变化的敏感地带。西藏植被对气候变化的响应研究如下。于惠（2013）利用遥感和地理信息系统技术对 1981~2010 年青藏高原气候变化特征、草地生长状况和草地植被对气候变化的响应进行了系统的研究，发现，随着青藏高原超过 10 年的跨度研究区气温的逐渐升高，该地区草地生长季最大植被覆盖指数差异显著，总体呈现西高东低的态势，不同草地类型生长季最大归一化植被指数（NDVI）差异较大，山地草甸、热性草丛及沼泽多年生长季最大 NDVI 平均值较高，植被状况较好。彭思茂（2015）对国内外现有植被净初级生产力（NPP）估算模型的优缺点进行了分析，并模拟出西藏 2001～2012 年植被吸收的有效光合辐射和实际光能利用率，在此基础上深入分析了植被 NPP 与主要气候因子的相关性。李磊磊等（2017）利用线性回归和相关性分析法研究了西藏地区植被、地表温度和降水量的时空特征及相关性，发现超过 10 年的跨度研究区植被覆盖度、地表温度和降水量的变化存在较大的区域差异性。安淳淳（2019）对青藏高原植被物候进行了监测，并对植被物候与气候变化的响应关系进行了分析，发现可以根据植被类型特点对植被物候的反演与变化监测更好地实现植物对全球气候变化响应的认识。王多斌（2019）通过增温与放牧控制试验以及区域调查，对青藏高原高寒草甸植物群落以及土壤有机碳对气候变化的响应进行了分析，得出增温显著增加了高寒草甸幼苗物种丰富度及高寒草甸地上生物量。郭蒙珠（2020）对高寒草地物候和气候时空变化进行了响应与敏感性分析，得出受气候及地形因素影响高寒草地物候多年均值在空间分布上存在较大差异，且年平均气温越高、年降水量越多、年辐射量较充足的地区草地植被的生长季初期越推迟。阳昌霞等（2020）对藏北地区过去 11 年间的植被覆盖趋势变化进行了监测，并对植被覆盖变化与气温和降水量之间的相关性进行了研究，发现这 11 年间藏北地区植被的覆盖度总体呈降低趋势，且植被覆盖变化与气候因子呈正相关。Duan 等（2021）对青藏高原草甸、高山草甸和青藏高原整体植被对气候变化响应的差异进行了探讨，发现，高山草甸和青藏高原植被的整体生长季长度明显短于高寒草甸，且高山草甸、高寒草甸和青藏高原整体植被生长季 NDVI 与气候因子的响应在青藏高原具有较大的空间异质性。Wang 等（2021）对高原植被响应干旱的空间异质性及青藏高原不同海拔区间植被响应干旱的关键控制因素进行了研究，发现，青藏高原上植被的生长受水分条件影响显著，且植被生长主要受地表温度的影响。

总之，气候变化对物种、种群、群落、生态系统均存在不同程度的影响（Harrison，2020；MacLean et al.，2018；Sutherland et al.，2013）。在气候变化背景下，物种要么选择容忍或适应，要么选择迁移或灭亡（Pecl et al.，2017）。而脆弱环境中关键类群的迁移将直接降低其生态作用，致使脆弱生态环境不能对气候变化和人为干扰作出相应的反馈调控，从而加速生物多样性的丧失和生态系统服务功能的退化（文志等，2020；Fahad and Wang，2020；Denley et al.，2019）。苔藓植物作为西藏的优势植物类群，其功能性状、群落结构、分布格局均对气候变化具有敏感的响应，现将各部分相关内容整理如下。

5.1 苔藓植物功能性状对气候变化的响应

功能性状（functional trait）指一系列与植物生长繁殖等生命过程密切关联的

核心属性，包括软性状（主要是相对容易测量的性状，如繁殖体大小、形状、叶片面积等性状）和硬性状（主要指不容易直接测量的性状，如叶片光合速率等生理性状）。相较传统的分析群落物种组成和变化，功能性状能够更加准确地反映植被对环境变化的响应，可以量化和预测环境变化对多样性格局的影响，从而有助于制定有效的保护措施和资源的可持续利用策略（刘晓娟和马克平，2015）。近年来，植物功能性状已在苔藓植物与环境关系的研究中被运用（Piatkowski and Shaw，2019；Finegan et al.，2015；Fu et al.，2014），在揭示苔藓植物对高原生态系统的适应性策略及大气污染指示等方面具有重要作用（Wang et al.，2017，2019）。因此，将测量功能性状的方法运用到探究气候变化对植物的影响中，不仅可以深入阐明苔藓植物对栖息地变化的适应性机制，还可以根据功能性状的指示作用制定多样性保护和植被恢复方案。

苔藓植物是由水生到陆生的自养型过渡类群，其营养物质主要源于基质、雨水、露水及大气沉积物（Bargagli，2016；Manning and Feder，1980）。除少数属种外，叶片仅为单层细胞，体表无蜡质角质层，可直接感受外界环境中的温度和降水等气候变化，极易对大气环境的变化产生反应，并能够迅速在功能性状上作出响应（Wang et al.，2019；He et al.，2016）。长期不断的环境变化会使苔藓植物体内的叶绿素遭到破坏，叶细胞破损或崩溃，苔藓植物体发生严重衰退甚至消失。此外，环境变化还将影响苔藓植物的光合作用、生理代谢途径、次生代谢产物以及基因稳定性等，引发一系列死亡率、有性繁殖抑制、植物组织可见损伤、叶细胞大小或数量的改变，以及叶绿素和类胡萝卜素浓度的变化等。

苔藓植物对大气响应的指示功能具备可连续性监测、综合性反应、高灵敏性等应用优势。苔藓植物长期暴露于大气环境中，但凡有污染物质的胁迫和气候的急剧变化都会使其形态结构特征发生明显的变化，监测结果显著且直观可靠，能够较为及时而准确地指示环境变化。作为最原始的高等植物类群，苔藓植物的分化程度低，然而植物细胞长势旺盛，苔藓植物茎、枝先端生长点常在休眠或死亡之后刺激下部具有持续或周期性分裂能力的细胞继续发育，以保持终年的常绿，可提供具有代表性与应用性的季节性和全年性的指示与预报（吴婷婷等，2022；Zhang et al.，2020；Mahapatra et al.，2019；Foan et al.，2015；Krommer et al.，2007）。苔藓植物特殊的生理适应机制，使其能在高温、高寒、干旱和弱光等其他陆生植物难以生存的极端环境中生长繁衍，是典型的先锋植物和拓荒者。苔藓植物分布广泛，种类繁多，适用于多种地理单元的环境变化预测，也适用于不同区域尺度的环境变化指示，可作为全球大气情况监测与验证的理想材料（Kou et al.，2020；Jiang et al.，2014）。

目前，功能性状已经成为解决被子植物种群、群落和生态系统等不同研究尺度上重要科学问题的可靠途径，但对苔藓植物而言，研究仍十分缺乏（Coe et al.，2019）。当前可以借鉴到的对苔藓植物功能性状的研究主要集中于单个或少部分的功能性状（Proctor，2010；Vanderpoorten and Goffinet，2009；Rice et al.，2008；Glime，2007）。在形态功能性状方面，Wang 等（2015）发现直立型藓类较匍匐型藓类的光合能力更强。高叶青等（2017）对白云鄂博稀土矿区 8 种苔藓植物的形态解剖结构进行了观察，发现同一物种的叶长和叶宽在稀土矿区不同地点存在明显差异，而土壤中稀土元素的差异是影响其生长的主要原因。Coe 等（2019）通过测定赤藓属部分物种叶片、毛尖、细胞壁厚度等功能性状来预测植物体内碳的平衡状况。在生理功能性状方面，Yin 和 Zhang（2016）发现，齿肋赤藓可通过调节体内渗透调节物质和抗氧化酶活性应对栖息地不利的环境条件。泥炭藓属 *Sphagnum* 中不同物种的光合积累和代谢能力在实验室条件下和自然环境中的权衡策略有所不同，且物种的亲缘关系具有相关性（Piatkowski et al.，2019；Bengtsson et al.，2016）。对稀土矿区短叶对齿藓的研究发现，稀土元素对其体内叶绿素、过氧化物酶（POD）、丙二醛（MDA）的含量均有显著影响（高叶青和任冬梅，2018）。在综合功能性状方面，Waite 和 Sack（2010）发现，部分形态特征和部分生理特征之间具有显著相关性，在适应一些特殊生境的时候，苔藓植物的形态和生理性状有所不同。Freschet 等（2015）发现，不同苔藓植物类群对营养元素的吸收及利用率具有明显差异，形态及生理功能性状均会受到不同类群间的相互作用和影响。可见，对苔藓植物不同类型功能性状的研究更利于全面揭示苔藓植物对栖息地环境因子的响应。

在苔藓植物功能性状的研究技术方面，Hill 等（2006）发表了一个关于苔藓植物特征数据集，包括形态、生殖和生命特征，而 Fernández-Martínez 等（2019）采用系统发育比较方法和扩展的物种属性与环境因子关系的 RLQ 分析方法分析了苔藓植物物种的 17 个特征并计算了其空间和系统发育的关系。Wang 等（2019）对分布于西藏地区的尖叶对齿藓和真藓进行了叶比面积性状的测定，进而初步研究了这两个物种的环境可塑性。目前国内外有关植物功能性状的研究技术与方法均为西藏苔藓植物不同类型功能性状与栖息地环境因子间关系的探究奠定了良好的基础（具体功能性状见表 5-1）。然而，至今气候变化背景下，有关我国西藏苔藓植物功能性状及这些功能性状对不同生态因子的响应仍研究较少（Wang et al.，2019）。

表 5-1　植物功能性状

性状类型	名称	缩写	单位	文献
形态性状	生活型	GF	—	Wang et al.，2015
	茎地上高度	SH	mm	Coe et al.，2019
	茎地下长度	SD	mm	Vanderpoorten and Goffinet，2009
	假根最大长度	RL	mm	Vanderpoorten and Goffinet，2009
	叶长	LL	mm	Coe et al.，2019
	叶宽	LW	mm	Coe et al.，2019

性状类型	名称	缩写	单位	文献
形态性状	叶长/叶宽	LL/LW	—	Waite and Sack，2010
	叶面积	LA	mm^2	Coe et al.，2019
	中肋长度	CL	mm	Waite and Sack，2010
	叶片厚度	LT	μm	Waite and Sack，2010
	叶表面附属物（栉片等）	EPD	—	Vanderpoorten and Goffinet，2009
	叶中部细胞腔长	CLL	μm	Coe et al.，2019
	叶中部细胞腔宽	CLW	μm	Coe et al.，2019
	叶中部细胞腔面积	CLA	$μm^2$	Coe et al.，2019
	叶表面细胞壁厚度	SWT	μm	Waite and Sack，2010
	细胞壁表面突起（疣、乳突等）	LCP	—	Vanderpoorten and Goffinet，2009
营养性状	植株碳含量	C_{mass}	%	Wang et al.，2017
	植株氮含量	N_{mass}	%	Wang et al.，2017
	植株磷含量	P_{mass}	%	Wang et al.，2017
	植株 C/N	C/N	—	Wang et al.，2015
	单位面积植株干重	SMA	g/m	Wang et al.，2017
生理性状	可溶性糖	SUC	mg/g	Yin et al.，2017
	可溶性蛋白	SPC	mg/g	许红梅等，2017
	脯氨酸	PC	μg/g	Yin et al.，2017
	丙二醛	MDA	nmol/mg	Yin et al.，2017
	超氧化物歧化酶	SOD	U/mg	Yin et al.，2017
	过氧化物酶	POD	U/mg	Yin et al.，2017
	光合色素	PPC	mg/g	许红梅等，2017
	光化学效率	F_v/F_m 和 Φ_{PSII}	—	Yin et al.，2017
繁殖性状	繁殖方式	RM	—	Vanderpoorten and Goffinet，2009
	繁殖体大小	PS	μm	Vanderpoorten and Goffinet，2009

注："—"表示没有单位

5.2　苔藓植物种群和群落结构对气候变化的响应

苔藓植物独特的生理生态特性和生物学特性使之成为对气候变化响应的理想研究对象（Tuba et al.，2011）。虽然很多报道介绍从低温到高温的环境都有苔藓植物的分布，但不同物种对温度和水分条件的生理耐受性不同（刘艳等，2019；He et al.，2016）。已有研究表明,持续的增温会导致部分北方物种的灭绝（He et al.，2016；Furness and Grime，1982），另外，一部分物种将通过形态的变异适应变化后的栖息地环境，最终进化出适宜该生境的稳定的形态特征，然而这种情况至少要以数十年为单位计算（Ficetola et al.，2016；He et al.，2016）；而另一部分物种则会随着栖息地水热条件的改变发生空间分布格局的变化（寇瑾，2018；夏尤普等，2018；Jiang et al.，2014）。大量文献表明，气候变化导致了不同生态系统苔藓植物的多样性和群落结构发生动态变化（Eldridge and Delgado-Baquerizo，2019；Tateno et al.，2019；Sun et al.，2017）。

气候变化不仅通过温度和降水的改变对苔藓植物的生长和定居产生影响，还通过对其他植被或者栖息地环境条件的改变，间接影响苔藓植物的群落结构和基础生态位。例如，在森林生态系统中，树种组成与苔藓植物的物种组成之间没有相关性（Pharo and Vitt，2000；McCune and Antos，1981），但由于树木的大小差异，会通过光照、温度、水分、养分状况等非生物条件的改变对苔藓植物的多样性造成影响（Zobel et al.，1996）；森林植被覆盖度也与苔藓植物的多样性和分布范围具有相关性（Song et al.，2015；Jiang et al.，2014）。还有研究表明，苔藓植物的生物量与草本植物的生物量呈负相关（Ingerpuu et al.，2005；Virtanen et al.，2000）。

苔藓群落结构特征是苔藓植物自身生长特性与环境因子综合作用的结果（Turunen et al.，2018；郭磊等，2017）。由于苔藓植物对环境的敏感性，苔藓植物群落内的物种组成和结构易随时空发生变化，特别是在环境变化明显和人为扰动较大的地区（Eldridge and Delgado-Baquerizo，2019；Sun et al.，2017；寇瑾等，2012）。目前，已有研究对苔藓群落的物种多样性和结构特征与不同环境因子的相关性进行了定量分析（Minor et al.，2019；Stough et al.，2018；Song et al.，2015）。在群落结构的研究过程中，物种多样性的研究可以反映群落结构的复杂性，体现群落的结构类型、组织水平、发展阶段、稳定程度和生境差异（汪殿蓓等，2001）。苔藓植物多样性主要针对某一研究区域进行苔藓植物物种组成及区系成分的归纳总结（寇瑾等，2012；曹同和郭水良，2000），也涉及物种优势度或重要值的计算，以评价物种在群落中的地位和作用（Bourgeois et al.，2018；Song et al.，2015）。此外，丰富度指数、均匀度指数、群落相似性系数也是群落结构研究中经常涉及的指标，这三个指标分别用以度量一个群落内物种的数目、群落中不同物种的盖度和生物量的均匀程度、不同群落结构特征的相似度（Al-Namazi，2019）。但就西藏而言，仅在半干旱区等相对较小尺度的生态环境中进行了苔藓植物多样性和群落结构的相关报道（宋闪闪，2015；Song et al.，2015）。此外，生态位理论是生态学中最重要的基础理论和核心思想之一，对于理解群落结构和功能、群落内种间关系、生物多样性、群落动态演替和种群进化等方面具有重要作用（艾尼瓦尔·吐米尔等，2012）。物种生态位的探究也有助于了解物种对资源的利用、种间协作和竞争关系以及群落的演替规律（Maren et al.，2018；Yu，2017）。研究表明，不同苔藓植物类群对生境需求的差异表现为生态位宽度和种间生态位重叠值的不同，生态位宽度越宽，适应环境和利用资源的能力就越强（刘艳等，2019；郭磊等，2017）。随着生态位模型的发展与应用，国内外学者开始尝试不同气候条件下物种空间分布格局的预测，以探究物种适应环境的能力，以及对气候变化的响应（Ye et al.，2018；Sahragard and Chahouki，2016；Jiang et al.，2014）。而物种空间分布模型也已被成功应用到西藏部分苔藓植物种群或功能群空间分布格局的预测中（Kou et al.，2020；Song et al.，2015）。

尽管苔藓植物从低温到高温环境均有分布，但不同类群对栖息地环境条件和资源的需求各不相同，所以对气候变化的响应也不一致（Begon et al.，2006）。真藓等世界广布种变异幅度较大，通过形态和生理功能的变化能够适应变化后的生境（Wang et al.，2019；Tuba et al.，2011）；而一些濒危物种和叶附生苔等无法适应气候变化而退出原有生境（Acevedo et al.，2020；Furness and Grime，1982）。气候变化驱动一些苔藓植物分布格局发生变化，从而使不同生态系统中苔藓植物多样性和群落结构发生动态演变（Kou et al.，2020；Denley et al.，2019；Tuba et al.，2011）。研究指出，生态位差异导致物种对气候变化的响应各有不同，即使处于相同资源维度的近缘种也不例外，但苔藓植物生态位的研究仍处于初步探索的阶段（Piatkowski et al.，2019；Yu et al.，2019；郭磊等，2017）。此外，气候变化不仅直接作用于苔藓植物，也通过栖息地生物和非生物环境条件的改变间接影响苔藓植物的生长与分布。例如，气候变化导致森林植被覆盖度下降从而影响叶附生苔的分布和多度（Acevedo et al.，2020；Jiang et al.，2014）；气候变化导致草地退化，反而增加了草地生态系统中苔藓植物的盖度和生物量（Ingerpuu et al.，2005；Virtanen et al.，2000）；苔藓植物与草地植被的关系可以随气候梯度发生促进和抑制作用的转变（Gilbert and Corbin，2019；Havrilla et al.，2019）；气候变化加剧高山地区海拔梯度上温度、降水、太阳辐射、蒸发量、干旱指数等环境条件的差异性变化，从而给高山苔藓植物多样性和分布带来更大的影响（Kou et al.，2020；Spitale，2016；Gobiet et al.，2014）。可见，气候变化对苔藓植物的影响是多维环境条件综合作用的结果，而如何量化多维环境条件对物种生态位及分布的影响是模型建模面临的一大挑战（彭文俊和王晓鸣，2016）。

5.3　气候变化背景下西藏优势藓属分布的变化

气候变化是导致物种分布模式及其变化的主要原因，物种的分布也体现了物种与环境和地域的精确匹配度（Gashev et al.，2020；Pecl et al.，2017）。近年，将地理信息系统与分布模型相结合模拟气候变化背景下不同类群分布格局及迁移的方法已经得到广泛应用（Nawrocki et al.，2020；Eldridge and Delgado-Baquerizo，2019）。而在众多物种分布模型中，最大熵模型（MaxEnt）因所需样本少、易于操作、模型精确度高等优点脱颖而出（Sanjo Jose and Nameer，2020；Sahragard and

Chahouki，2016），并被应用到气候变化背景下不同苔藓植物类群（包括叶附生苔、树生藓、石生藓，以及典型的旱生藓和高原优势藓类等）分布的预测（Kou et al.，2020；Wilson et al.，2019；毛俐慧等，2017；Jiang et al.，2014；Tuba et al.，2011）。

我国利用最大熵模型对西藏不同苔藓植物类群分布格局进行预测的研究虽然起步较晚，但已预测了西藏对齿藓属的适生区及迁移路线，并提出对齿藓分布格局的变化可以用来指示气候变化和环境破碎化程度（Kou et al.，2020；夏尤普等，2018；Song et al.，2015）。Song 等（2015）通过 MaxEnt 预测了西藏半干旱区对齿藓属的分布特征并发现温度、地形和降水对其分布的影响显著高于植被覆盖度和土壤理化性质对其分布的影响。寇瑾（2018）对西藏分布的红叶藓属和对齿藓属进行了分布格局的模拟，得出对齿藓属的分布格局对气候变化更为敏感。此外，Kou 等（2020）预测我国西藏的干旱区、半干旱区对齿藓属的覆盖范围将呈现大幅度扩增趋势，其分布中心将向更高海拔和更高纬度发生迁移，将有利于高寒荒漠建植。可见，气候变化势必会驱动西藏苔藓植物类群分布格局发生大幅度变化。此外，西藏报道的特有种——西藏对齿藓和吉氏对齿藓在新疆已有所分布（古丽妮尕尔等，2020）。由于气候变化驱动苔藓物种分化的时间至少要以数十年的单位来计算，所以对齿藓数量和分布迅速增加和扩增的原因可能主要在于气候变化改变了物种对多维环境条件的耐受能力从而迫使对齿藓发生迁移（Nawrocki et al.，2020；Zander，2017；He et al.，2016）。因此，研究西藏这一高海拔增温区域的优势藓属分布格局的变化对理解物种分化、生态位差异、物种多样性及栖息地环境的保护也具有重要意义。

前期，我们已经利用 MaxEnt 模型预测了西藏代表性的优势旱生藓属的分布格局对气候变化的响应（Kou et al.，2020）。在研究中，我们选择对齿藓属和红叶藓属进行气候变化下分布格局响应的研究主要基于几点考虑：①这两个属的形态特征较为接近，但成熟植株的颜色以及滴加 KOH 溶液的显色反应又可以将二者很好地区分，方便比较二者形态特征与基础生态位的差异；②二者都为西藏的优势旱生藓类，在进行西藏野外系统调查的过程中二者经常栖息于同一生境，常为伴生种，但文献资料显示相较于对齿藓属物种而言，红叶藓属物种更倾向于一些阴湿的小生境，如林下、岩缝、河流边等（Frey and Stech，2009；Fedosov and Ignatova，2008；Saito，1975）；③二者的亲缘关系较近（Kou et al.，2014；Werner et al.，2004，2005，2009；Zander，1993）。而本次研究，我们选择了更全面的优势藓属（包括西藏优势土生藓类：扭口藓属、红叶藓属、对齿藓属、墙藓属和赤藓属；西藏优势石生藓类：紫萼藓属）的分布格局对未来气候变化的响应进行研究，这不仅仅是考虑到了各个优势藓属的形态特征具有一定的共性和差异性，也考虑到了各属之间存在一定的生态位重叠，也是为了和第 4 章的研究结果进行对比分析，更全面地比较具有不同亲缘关系的优势藓属物种分化的驱动力。

　　本次关于气候变化背景下西藏代表性优势藓属分布格局变化的预测所用到的气候变量,我们选择了从 WorldClim 2.1 数据库中获得的 19 个具有 30s 空间分辨率的生物气候变量(Bio1~Bio19,详细信息见表 4-1),这些数据均来源于月度温度和降水的记录,并已较为广泛地运用于物种的分布建模(Anibaba et al.,2022;Fick and Hijmans,2017)。为了实现研究目标,我们使用了时间线为 2081~2100 年的 3 种气候情景:SSP126(代表低水平的温室气体排放)、SSP245(代表温室气体排放的中等水平)、SSP585(代表温室气体排放的最高水平)(Schwalm et al.,2020),进行未来分布格局及其变化的预测。由于最大熵模型在未来分布格局预测中模型精确度极易受到环境变量间自相关的影响,我们通过 R 语言筛选出了适合各个优势藓属未来分布预测的关键环境变量。其中,扭口藓属分布模拟涉及的气候变量包括 Bio3、Bio4、Bio5、Bio15、Bio18、Bio19,红叶藓属分布模拟涉及的气候变量包括 Bio3、Bio7、Bio9、Bio14、Bio18、Bio19,对齿藓属分布模拟涉及的气候变量包括 Bio3、Bio4、Bio9、Bio13、Bio18、Bio19,墙藓属分布模拟涉及的气候变量包括 Bio3、Bio5、Bio9、Bio15、Bio18、Bio19,赤藓属分布模拟涉及的气候变量包括 Bio2、Bio4、Bio6、Bio15、Bio18、Bio19,紫萼藓属分布模拟涉及的气候变量包括 Bio2、Bio4、Bio10、Bio12、Bio18、Bio19。地形用到的变量均为海拔和坡向。

　　模拟的结果表明,这 6 个优势藓属 2100 年的分布格局与现今的分布格局相比发生了一定的变化。扭口藓属、红叶藓属和对齿藓属 2100 年的分布中心均处于西藏低海拔半干旱区,大面积的干旱区和湿润区的分布可能性极低,半湿润区的分布可能居于中间,但这 3 个属的分布范围有所不同。其中,扭口藓属的分布范围最窄,分布格局基本被限定在半干旱区,红叶藓属和对齿藓属的分布范围相近,红叶藓属的分布可能性总体上看高于对齿藓属的分布可能性。该预测结果与这 3 个属系统关系的远近恰好对应。形态学和分子系统学的研究结果均表明墙藓属和赤藓属的亲缘关系更近,而其未来分布格局的结果展示出这两个属同样在分布中心和分布范围上存在更多相似之处。例如,与亲缘关系更近的扭口藓属、红叶藓属和对齿藓属相比,墙藓属和赤藓属 2100 年的分布中心更集中于低海拔和高海拔半干旱区,这两个属在西藏全区的分布可能性均高于其他优势藓属,甚至在干旱区也有一定的分布;而亲缘关系最远的优势石生紫萼藓属的分布格局与丛藓科这 5 个优势藓属分布格局存在较大的差异,其在低海拔半湿润区和低海拔半干旱区具有较高的分布可能性,在低海拔湿润区也存在一定的分布可能性,且总体上看分布范围相对较小。

　　2100 年 3 种不同气候情景的模拟总体上看差异不是非常明显,但在细微之处可以发现存在一定的差异。例如,随着二氧化碳浓度的增加,扭口藓属未来的分布范围在半干旱区有所增加,在半湿润区有所减少;但墙藓属和赤藓属未来分布的可能性却在半干旱区有明显的下降；对齿藓属和红叶藓属在高海拔半干旱区表现出明显的变化；而紫萼藓属的分布范围似乎随着二氧化碳浓度的增加有一定的波动。总体上看，亲缘关系较近的优势藓属在未来分布格局变化方面存在一定的相似之处。

通过最大熵模型对西藏代表性优势藓属现今和未来空间分布格局的模拟的比较可以看出，无论现今还是未来其分布中心都集中在半干旱区。一方面是由于半干旱区具有优势土生藓类和优势石生藓类较为适宜的栖息地；另一方面取决于样点的设置主要集中在半干旱区，干旱区和湿润区布设的样地较少，对预测的结果产生了一定的影响。为了尽可能地避免这种样点偏差对研究造成的影响，数据的搜集主要以 2007～2019 年系统采集获取的一手数据为主，作者在博士后期间尽量补充了西藏干旱区、半湿润区的点位信息。另外，我们还通过咨询国内外的苔藓植物学家，对国内的文献资料等信息进行了搜集，对国内主要苔藓植物标本馆的馆藏标本进行了查阅，不断累积和扩充西藏这 6 个优势藓属的分布数据用于物种空间分布格局的模拟。此外，相比之前的研究，我们在模拟过程中进行了环境变量间的自相关分析，注重模型设置过程中去除多余信息的影响，并筛选出了适应模拟未来分布格局和迁移路线的高精度模型，这也是使模型精确度明显提高的主要原因。因此，即使是未来分布格局的模拟我们也确保了所有模型具有较高的精确度（AUC 值超过 0.76）。

已有研究表明，对齿藓属可以栖息于极端的环境条件，但更喜欢半干旱地区，尤其是中心城市（如拉萨、日喀则和那曲），并且更适应高山草原（包括草甸草原和典型草原）环境。西藏的东部和东南部，以及半干旱到半湿润地区（即林芝和昌都）也是对齿藓属和红叶藓属的潜在适宜分布区，但在这些地区的分布在西藏尚未被报道（Kou et al.，2020；Song et al.，2015）。此外，我们的研究还首次报道了扭口藓属未来的适宜分布地，主要是拉萨、日喀则、林芝、昌都等人为干扰活动较大的区域；紫萼藓属则适宜分布在拉萨、林芝、昌都、山南等地的岩面、岩石缝隙等较为稳固的基质。在我们野外调查过程中，紫萼藓属物种也是卡惹拉冰川、嘎隆拉冰川、米堆冰川最为优势的藓类植物，在植物演替过程中担负着先锋拓荒植物的作用；而墙藓属和赤藓属在拉萨、那曲、日喀则、阿里地区等干旱区、半干旱区，林芝、山南等半湿润区都有很高的分布可能性。说明未来西藏干旱区、半干旱区起到重要生态功能的最主要优势藓类很有可能是墙藓属和赤藓属这两大类群，而西藏半湿润区和湿润区可以起到重要生态功能的最主要优势藓类可能会是墙藓属、赤藓属和紫萼藓属。

一般认为在温带和高山地区，对齿藓属、扭口藓属、齿藓属是分布较为广泛的典型旱生藓属（Song et al.，2015；任冬梅，2012；Zander，1993）。但就分布范围和分布中心而言，红叶藓属同样是在温带和高山地区分布最广的一个旱生藓类大属之一，且分布范围较对齿藓属和扭口藓属更为广泛。而从丛藓科这 5 个优势藓属物种的主要形态特征来看，这 5 个优势藓属物种均具有抵御干旱胁迫的形态结构。例如，这几个属的物种常丛集而生，植株干燥时卷曲，叶片边缘背卷等都可以起到保持水分的作用；这几个属物种的叶细胞表面具有明显的细胞疣结构，既可以疏导水分，又可以避免紫外线对植株的灼伤；这几个优势藓属物种的茎中轴和导水细胞也十分发达，同样有利于水分的疏导，这是物种长期进化的结果（Kou et al.，2020；Zander，1993）。此外，藓类植物的繁殖能力非常强，可以通过有性生殖和无性生殖不断扩大种群的生物量和分布的范围。就无性生殖而言，旱生藓类主要通过配子体或者叶片的残体、芽胞、假根块茎等进行繁殖；有性生殖则主要是通过孢子体里的孢子进行繁殖（Zander，2007）。与维管植物相比，苔藓植物植株矮小，繁殖结构（如孢子和配子体的碎片等）非常轻，可以通过风、水及动物等媒介进行孢子体和配子体长距离的传播（Muñoz et al.，2004；吴鹏程，1998b）。研究表明，西藏的雅鲁藏布江、拉萨河和年楚河主要位于西藏的经济发展中心，位于西藏的中部，也就是西藏的半干旱区（邵小明等，2019）。水源本身也是苔藓植物传播孢子和配子体碎片的一个重要的媒介，这也是对齿藓属和红叶藓属的分布无论现今还是未来都集中于半干旱区的一个原因，也是由分布中心向其他方向扩散的一个可能性。所以，无论是现今还是未来，对这 5 个丛藓科的典型旱生藓属的分布中心的预测都必然集中于西藏相对干旱的气候环境。

从第 4 章环境变量模拟出的优势藓属物种分布与环境因子的关系来看，潜在蒸发量、年平均气温、最潮湿和最温暖季度的平均气温及海拔对这几个优势藓属的空间分布格局的贡献均较大。苔藓植物是变水植物，对水分的依赖性很强。大量资料和文献表明，苔藓植物需要水以维持生存和繁殖。显然干旱区的降水量严重不足，不能满足苔藓植物获取持续水分的需要，但是苔藓植物可以通过大气蒸腾作用获取自身所需要的水分。随着西藏气候变暖和降水量的逐渐增加，干旱区域的蒸腾作用得到了促进。随着西藏气候的变暖，潜在蒸发量逐渐增加，雨热同期的增温和降水的变化等使适宜植被生长和繁殖的季节不断延长，高海拔的干旱区及不同海拔的半干旱区温度增加的同时伴随着降水量增加，大大有利于植物的生长、发育和繁殖，使这些研究区域中原本不适合物种定居的环境变得较适宜苔藓植物定居和生长繁殖。对于西藏干旱区、半干旱区分布的代表性优势藓属来说，植被的盖度并不能对其分布产生明显的影响，但植被盖度的增加会形成更多阴湿的微生境，从而导致这典型的旱生藓属退出较为荫蔽和湿润的生境。此外，就干旱区的优势藓属物种的空间分布而言，其空间分布并不是单纯受到温度、水分、植被等相关的环境因子的影响，也与着生基质和土地利用有一定的关系。干旱区存在大面积的荒漠，常被称为"无人区"，该区域人为活动较少，大型动物和可携带孢子的媒介相对较少，不利于藓类植物孢子的传播，即使该区域大的风沙会携带一定量的孢子和藓类植物配子体碎片暂时定居于此,但极端的气候环境条件和有限的资源也不利于孢子的萌发和配子体碎片的无性繁殖。同时,干旱区的风沙大,表层土也极为不稳定,不稳定的基质环境也不利于苔藓植物的稳固生长(Zander,1993)。因此,优势藓属未来在这些区域的分布有可能增加也有可能缩小,研究结果只能确定该区域仍是其典型的分布中心,具体分布面积还需要通过地理信息系统的分析和定量的计算才可以获取。另外,湿润区由于整体降水量较高,栖息地湿度大而不利于旱生藓类植物的定居。而且湿润区被子植物覆盖度较高,被子植物的覆盖度高也造成了湿润区较高的郁闭度和湿度,同样不利于旱生藓类的生存。而大量的被子植物也抢占了苔藓植物的空间,不仅仅是对旱生藓类,对其他苔藓植物在湿润区的分布也将造成影响。

　　本研究,我们通过 ArcGIS 10.5 计算了 2100 年 3 个气候情景下这 6 个西藏代表性优势藓属面积的变化(图 5-1)。已有研究表明,对齿藓属比红叶藓属未来分布格局的变化更有规律可循,而对齿藓属较红叶藓属而言在不同气候情景下分布面积的增长率更高,说明对齿藓属的分布格局对气候变化的反应也更为敏感(Kou et al.,2020)。通过其他优势属分布格局变化的模拟可以看出,墙藓属和紫萼藓属未来分布的面积将发生更多的增加和减少,且不同二氧化碳浓度下优势藓属的面积的变化也存在很大差异。对于大多数陆生植物而言,碳的来源主要是二氧化碳,二氧化碳含量的增加将使植物具有更高的光合速率(Glime,2007)。藓类植物是典型的 C_3 植物,具有较高的二氧化碳补偿点。有研究表明,植物的光合速率会随着大气中二氧化碳浓度的增加而增加,地球上二氧化碳的增加会对苔藓植物产生积极的影响。此外,随着二氧化碳浓度的升高以及温度的增加,植物根部、细菌和

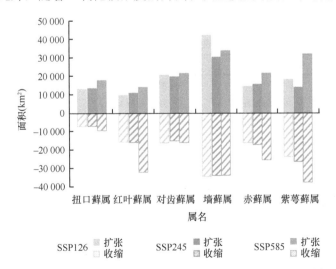

图 5-1　西藏优势藓属 2100 年潜在分布格局面积的变化(彩图请扫封底二维码)

其他地被植物的呼吸作用也会逐渐加重（Silvola，1985；Heal，1979）。而苔藓植物是紧贴地面生长的植物，最先有机会利用呼吸作用产生的二氧化碳进行光合作用（Glime，2007）。光合作用可将太阳能、二氧化碳和水转换为葡萄糖和其他碳基化合物，最终形成植物组织（Glime，2017）。因此，二氧化碳的增加也促进了植物的生长发育。而 2100 年不同二氧化碳浓度情景下西藏优势藓属分布的变化存在一定的差异。

我们前期的研究表明，对齿藓属和红叶藓属无论是 2050 年还是 2070 年，其分布范围的增长率都与二氧化碳浓度的增加呈正相关。在 2050 年和 2070 年的每个气候情景下，对齿藓属和红叶藓属物种的潜在分布中心在西藏表现出向更高纬度和更高海拔移动的趋势（Kou et al.，2020）。对于其他高山植物，阿尔卑斯山脉东南部的维管植物（Gian-Reto et al.，2005）、山地红景天属植物（You et al.，2018）等也表现出相似的迁移路线。然而，在气候变暖的山地生态系统中，不同苔藓植物类群的研究存在一些争议。例如，目前出现在高山森林中的许多附生植物类群易受气候变暖的影响，并可能很快经历局部灭绝（Nascimbene et al.，2018），瑞士的嗜冷苔藓植物显示出缓慢的灭绝过程（Bergamini et al.，2001），而其他研究表明，2050 年到 2070 年，瑞士的嗜冷苔藓植物将向更高海拔地区扩展，中国新疆的对齿藓属物种将向更高纬度和更高海拔移动（夏尤普等，2018）。因此，我们推测旱生藓类作为一个功能类群，由于各个旱生藓类相似的生理生态需求，对气候变化的响应也是相似的。这一观点得到了一项草本物种研究的支持（You et al.，2018）。但由于研究区域尺度的不同、采样点和物种鉴定结果的差异、模型构建过程中用到的环境变量的不同、模型背景设置的不同均可能对模拟的结果产生一定的影响。这几个优势藓属具体的面积变化见表 5-2。

表 5-2　西藏代表性优势藓属 2100 年面积的变化

属名	SSP126 面积变化	SSP245 面积变化	SSP585 面积变化
扭口藓属	增加 5808.77km^2	增加 6171.00km^2	增加 9664.12km^2
红叶藓属	减少 6018.25km^2	减少 5238.11km^2	减少 17272.53km^2
对齿藓属	增加 4186.56km^2	增加 4306.27km^2	增加 5989.36km^2
墙藓属	增加 7591.04km^2	减少 3657.18km^2	增加 381.82km^2
赤藓属	减少 1756.35km^2	减少 1816.21km^2	减少 3280.52km^2
紫萼藓属	减少 5389.80km^2	减少 12617.47km^2	减少 5178.26km^2

通过环境变量与物种空间分布的关系，确定了对齿藓属和红叶藓属的空间分布对温度较为敏感，而未来与现今物种空间分布范围的扩增和缩小，以及分布中心位置的变化及两个优势藓属的迁移路线均可以说明这两个属可以通过范围的扩增对西藏的气候变暖进行指示。可以利用这两个属对温度的敏感性对西藏的气候变化进

行长期监测。但基于对齿藓属对温度和降水的变化更为敏感，并且未来分布范围增加和缩小的范围更有规律可循，我们前期推荐利用对齿藓属分布格局的变化对西藏不同气候区的环境变化进行监测和指示（Kou et al.，2020）。但 2100 年的预测结果显示，在这 6 个西藏代表性优势藓属中扭口藓属的分布变化更具有规律性，其分布随着气候变暖和二氧化碳浓度的升高呈现出面积增加的趋势，而红叶藓属和对齿藓属分别表现出面积减少和增加的趋势，这与前期 2050 年和 2070 年的预测结果有所不同。另外，紫萼藓属也表现出明显的对气候变化响应的分布变化结果。总体来看，2100 年不同的旱生藓类群表现出不同的分布范围和面积的变化，其生态功能很难判断，但各个属对气候变化均具有一定的指示和监测作用。

苔藓植物多样的扩散机制和对气候变暖的强烈敏感性使苔藓植物成为极好的气候变化指标（He et al.，2016）。近几十年来，高寒草地受到人类干扰和气候变暖的威胁越来越大（Qiu，2016）。目前，西藏草地退化正以每年 5%～10% 的速度加速增长（Liang，2017；徐瑶等，2011；Xu et al.，2008）。然而，面对快速气候变化和极端天气事件（如干旱、极冷和极热），我们仍然缺乏此类极端气候对高寒草地影响的清晰认识（Liu et al.，2019）。考虑到藓类植物与草地的相关性，以及不同优势藓属对气候变暖具有不同的敏感性，不同优势藓属物种多样的传播机制和特性可以用来间接监测气候变化对草地的影响。此外，在西藏干旱地区，由于营养和水分水平较低，植物小而稀少，优势的土生藓类又有很强的固沙能力，将有可能通过扩大其分布范围，从而防止风蚀，促进维管植物的建立和生长，提高土壤碳氮水平，丰富土壤生物多样性，利于植被促建，抑或由于其分布范围的缩小，加剧土壤环境脆弱化，使高寒区域植被的保护和恢复难度加大。

西藏是青藏高原的主体部分，具有特殊的地形地貌和气候特点，以及不同的植被类型，是研究物种多样性和高原生态系统的天然实验室。西藏同时也是中国乃至世界的主要增温区域，气候变化不仅带来物种多样性和生境多样性破坏和缺失等问题，还给农业和经济的发展造成影响，而且导致土地荒漠化加剧，以及冰川的消融，给西藏地区人民的生活和生态可持续发展都带来了巨大的挑战。而由于西藏的地理环境特殊，高原含氧量低和交通的不便都给西藏科考造成很大阻力。由于可能宏观尺度上为脆弱带但部分生境并不具有脆弱性特征，微生境具有脆弱性特征但宏观尺度上可能是无关紧要的枝节，所以不同尺度生态环境的脆弱性很难捕捉和预知，对濒危物种和退化生态系统的保护也往往是滞后的（Kling et al.，2020；徐君等，2016）。因此，通过敏感性藓类植物对气候变化的响应研究可以高效、环保、便利、快捷地对高寒生态系统的气候变化进行长期监测。探究西藏地区不同指示性藓类植物对气候变化的响应也是监测环境脆弱性特征并及时应对生态系统退化问题的关键，可为我国脆弱生态环境的预警和保护提供重要的参考价值和科学依据。

第6章 西藏藓结皮的研究

草原是陆地生态系统的主体类型，不仅为人类及畜牧业发展提供生产资料，也为野生动物提供食物和栖息地，同时，在保持水土、维持区域生态平衡中起着重要作用。草地退化是指草原生态系统逆行演替、生产力下降的过程。气候变化、不合理的管理以及超限利用都会加重草原生态系统功能的脆弱性和生境的破碎化，加剧土壤生境恶化、群落结构简单化，造成草地生产力和功能的衰退，进而导致整个草地生态系统的恶化，威胁人类的生存和发展（Zhang et al.，2020；Kang et al.，2019；Klein et al.，2017）。

草原保护和修复意义重大。从生态功能看，全球生物圈固定能量比例中草原约占 11.6%，仅次于森林（黄艳娥，2014）。草原拥有 1.7 万多种动植物，总碳储量约占全球的 8%（耿国彪和宋峥，2019）。在北方万里风沙线上，草原和森林是阻止荒漠蔓延的天然屏障。草原也是我国大江大河水源涵养区，黄河水量的 80%、长江水量的 30% 都来源于草原（曹鸿鸣，2007）。从经济社会发展看，在全面脱贫前相当长的一段时间内，我国草原呈"四区"叠加特点，既是生态屏障区和偏远边疆区，也是少数民族聚居区和贫困人口集中分布区。从文化功能看，草原文化是中华传统文化的重要组成部分，草原文化以草原自然生态为基础，以崇尚自然为根本特质。因此，加强草原保护和修复对于建设生态文明、促进民族团结、助力牧民致富和传承中华民族优秀传统文化具有重要意义。

目前，我国草地退化研究的热点区域主要分布在内蒙古、新疆、青海、西藏、甘肃等地（Hu et al.，2017）。据文献资料显示，西藏天然草地面积为 8820.15 万 hm²，天然草地面积居于全国首位，退化草地面积截至 2012 年为 2355.54 万 hm²（吴晓燕和平措，2021）；内蒙古天然草地面积为 8800.00 万 hm²（https://lcj.nmg.gov.cn/lcgk_1/），退化草地面积截至 2010 年为 2247.00 万 hm²（张清雨等，2013）；新疆天然草原面积为 5725.87 万 hm²，退化草地面积截至 2012 年为 1259.86 万 hm²（王纯礼，2016）；青海天然草地面积为 4191.72 万 hm²，退化草地面积截至 2010 年为 3131.46 万 hm²（李旭谦，2011）；甘肃天然草地面积为 1564.83 万 hm²，截至 2010 年退化草地面积为 1446.67 万 hm²（郭亚洲等，2017）。

我国是较早开展恢复生态学实践和研究的国家之一，退化草地的治理是我国草地生态学研究的一个主要方面。学者们从不同角度进行了全方位的研究，并提出了浅耕翻改良、松土改良、补播改良、施肥改良、除毒害草改良等多种草地改良的技术方法（Dong et al.，2020；张强强等，2014；阎志坚，2001）。西藏属于典型的高寒草地和半干旱区草原，高寒草地和半干旱区草原的脆弱性决定了直接修复措施成本高、成果难以巩固、植被恢复难以持续等特征，再加上草地生态系统弹性低，对气候变化的适应和抵御自然灾害的能力弱，生产和生态功能难以协调，容易陷入"退化—治理—退化"的恶性循环。

西藏是青藏高原的主体部分，约三分之二的面积为年均降水量低于 500mm 的高寒干旱区、半干旱区（宋闪闪，2015）。西藏高寒草地属于高原寒带、亚寒带干旱、半干旱气候，其面积约占西藏草地面积的 70.17%，是我国草地退化研究的热点区域（Hu et al.，2017；余成群和郭万军，2003）。此外，青藏高原也是全球气候变化的"先兆区"和"放大区"（IPCC，2013，2014），气候变化加重了草地生境破碎化和生态功能的衰退，是目前草地生态系统面临的最大的威胁之一（Yuan et al.，2020；Zhang et al.，2020）。由于西藏气候环境和地理位置的特殊性及生态功能的脆弱性，草地恢复的成本高且难以长期监测和保护（Huang et al.，2018；Qiu，2016；Kilroy，2015；Song et al.，2015）。

生物土壤结皮（biological soil crusts，BSCs）是由藻类、地衣、苔藓和土壤微生物以及其他菌丝体、假根等与土壤颗粒物通过胶结作用形成的复合生命体，一般遵循"藻结皮—地衣结皮—藓结皮"的演替规律，并按照优势生物组分划分为藻结皮、地衣结皮、藓结皮等主要类型（李靖宇等，2020；秦福雯等，2019）。藓结皮作为生物土壤结皮发育的顶级群落，更利于植被的定居和演替以及种子植物的萌发，并为其他生物类群拓宽生态位，促进群落和生态系统的演替（Rosentreter，2020）。藓结皮更能促进土壤环境的改善，既可以改变表层土壤水分渗透性，又可以显著影响水分的下渗深度，甚至能够提高草本植物 0～80cm 根系层和 80～200cm 的深层土壤水分含量，更利于土壤水分的保持（李渊博等，2020；李新凯等，2018）。此外，藓结皮有助于草地的保护恢复和评价，藓结皮的出现和发育反映了生态系统基质的稳定程度，可以指示流动沙漠向固定和半固定沙漠的转化，并与草地盖度和生物量具有显著的相关性，可评价草地生态环境的健康状况（Jia et al.，2018；Li et al.，2017；Törn et al.，2006）。藓结皮对气候变化具有敏感的响应，藓结皮的功能性状具有地带性变化特征，其群落结构是对自然环境和气候变化响应的敏感指标，而其空间分布格局的变化可以揭示草地生态环境的演变过程与趋势（闫德仁等，2019a；Smith et al.，2019；Zhang et al.，2019）。可见，藓结皮将在高寒草地保护和恢复、气候变化的影响等方面发挥独特的优势。鉴于西藏藓结皮的研究十分有限，本章主要从高寒草地退化及恢复、藓结皮的调查研究、藓结皮与高寒草地的关系进行介绍，以期为西藏生态环境的恢复提供更多有价值的科研数据及理论基础。

6.1 高寒草地退化及恢复

利用 BibExcel 与 Pajek 文献计量软件统计 Web of Science 核心数据库中 2005～2022 年有关草地退化的相关文献可以发现，我国草原恢复研究热点区域主要分布在内蒙古、新疆、青海、西藏、甘肃等地。从发文量看，我国对退化草原恢复研究的关注度非常高，而气候变化与人类活动的交互作用是退化草原生态恢复中的研究热点问题。总体上看，我国草地退化主要涉及的关键词多集中在黄土高原、青藏高原、植被恢复、气候变化、土壤有机碳、土壤水分、土地利用方式转换等方面。说明在草地恢复过程中，科研工作者越来越注重结合生态环境特点进行草地的保护和恢复，然而将气候变化与人为干扰相结合，从不同草地不同生物类群着手，全面分析干旱区、半干旱区草地退化的原因，制定退化草地的修复方案和政策仍需要做出更多的努力和多元化的尝试。

近几十年来，国内外学者在生态系统退化成因、环境变化、退化演替规律、退化治理与恢复等方面进行了大量研究（Ahlborn et al.，2020；张骞等，2019；Sutton et al.，2016），并结合遥感技术实行了时空动态观测（Yang et al.，2018；Li et al.，2017）。在改良草地管理措施、改善草地土壤结构、实行科学的放牧制度，以及草原植物不同季节生长的动力学模拟和草地生产力模拟等方面进行了深入探索（Chai et al.，2019；Hu et al.，2017；Klein et al.，2017；Yang et al.，2016），为改良草地提供了良好的理论依据，并为草原生态环境的保护和修复提供了先进的技术支撑（表 6-1）。

表 6-1 退化草原生态恢复研究

研究机构	重点研究内容	草原类型
美国得克萨斯农工大学	草原动力学模拟	半干旱草原
美国尼明苏达大学	结构方程建模评估放牧对生态系统的影响 可持续利用土壤和草地的科学管理	半干旱草原
英国洛桑研究所	过程模型及元模型评估草地系统生产力 污染物和养分间的循环转化	半天然草原
捷克布杰约维采南波西米亚大学	大数据分析和草原动力学建模	干旱草原
荷兰瓦赫宁根大学	高分辨率数字化模型	半湿润草原
澳大利亚查尔斯铎德大学	草原动态分析	温带草原
澳大利亚联邦科学与工业研究组织	恢复生态的理论及生态系统恢复的目标与模式	温带草原
中国科学院地理科学与资源研究所	退化草地施肥技术和人工草地的稳定维持技术 农区牧草种植技术和混合青贮技术	高寒天然草原
中国科学院、水利部成都山地灾害与环境研究所	草地退化沙化评价体系与遥感调查技术 高寒草原生态恢复技术 西藏生态安全屏障构建的理论与技术体系	高寒天然草地

研究机构	重点研究内容	草原类型
中国科学院西北高原生物研究所	高寒草地畜牧业生产结构及方式优化	高寒草原、温带草原
中国农业大学资源与环境学院	生态系统模型和空间分析技术	草甸草原、典型草原、荒漠草原
内蒙古农业大学草原与资源环境学院	围栏封育 飞播种草 浅耕翻 免耕补播	草甸草原、温性典型草原、温性荒漠草原、温性草原化荒漠和温性荒漠类
蒙草生态环境（集团）股份有限公司	围栏封育 补播+施肥 松耙（或切根）+施肥	干旱草原
东北师范大学	草地生物多样性 草原动-植物关系及营养级效应 草原植物-土壤微生物相互作用 草地可持续利用问题及草地放牧生态学研究	草甸草原、典型草原、沙地草原、半荒漠草原
中国矿业大学	内蒙古草原矿区生态廊道建设 草原煤矿区牧草栽培 内蒙古矿区草地退化监测技术	典型草原、沙地草原、半荒漠草原
西藏农牧学院	土地沙化整治模式的建立 优良牧草筛选及优势乡土品种的繁育	高寒草原

目前，国际上关于草地的保护和修复措施较为多样，伴随着西方社会日益严重的生态危机，"以草定畜、科学放牧"的理念逐渐形成并被广为接受，核心是强调生态优先，在保持草原生态平衡的前提下发展畜牧业，在实践中主要体现在通过立法、休牧轮牧、持证经营等保护草原（Dumont et al.，2019；Larkin et al.，2019；Vavra，1998）。对于生态治理主要体现在适应保护生态的需要，及时调整草原技术政策，将重点转向保护修复，使草原科技支撑由传统的畜牧生产加工技术体系转变为集生态育种、沙化草原治理、生态大数据监测、畜产品加工等一体化的现代高技术体系，以实现草原的保护修复（Lanta et al.，2019；Whitney et al.，2018；Qi et al.，2017）。关于放牧的管理体现在形成了较为科学系统的放牧制度，让草原得以休养生息，注重因地制宜、科学灵活、细致规范的精准性（Wei et al.，2020；Orr et al.，2011）。例如，欧美和澳大利亚等对一些牧草繁茂、载畜量适宜的草原地区实施连续放牧，对干旱区、半干旱区等区域制定了季节性放牧、延时放牧、限时放牧、夜间放牧等制度（McDonald et al.，2018；Orgill et al.，2018；Starrs，2018）。在草原的监测和修复方面，无论气候变化还是人为干扰（如土地利用和放牧等）均对草原植被的种群动力和群落结构产生相应的影响。而种群动力学和群落结构的差异性比较可以指示和模拟草原栖息地环境的变化（Lamošová et al.，2010；Stachová and Lepš，2010），结合植物的演替规律和竞争或者互作关系对草原进行生物保护和修复（Fibich et al.，2015；Bartoš et al.，2011；Gregory et al., 2009）。例如，捷克通过关键植被的功能性和生长策略的分析，最终提供了有利于草原恢复的科学数据（Albert et al., 2019）。

目前，我国实施了一批有关脆弱生态环境综合整治与恢复重建技术的试验研究等项目，在包括围栏封育、施肥、生态补播、鼠害和毒杂草治理、土地沙化治理等方面取得了一系列的成果，使天然草地植被得到了一定的恢复，生产力得到提高，为我国草原生态环境保护与建设提供了技术支撑（Dong et al., 2020；Gou et al., 2019）。在实施草原恢复措施的同时逐渐适应保护生态的需要，及时调整草原技术政策，将重点转向保护修复，使草原科技支撑由传统的畜牧生产加工技术体系转变为集生态育种、沙化草原治理、生态大数据监测、畜产品加工等一体化的现代高技术体系，以实现草原的保护修复。此外，随着3S技术和无人机手段的深入发展与广泛应用，退化草原形成机理和修复效果动态监测技术得到革新，利用多源遥感技术能够最快获取较为准确的草地空间分布数据及土地利用信息，建立草地退化指数的监测模型，开展草地退化预测，预警生态风险并分析主要驱动力（朱宁等，2021；刘晓枫等，2020；张玉红，2020；Pereira et al., 2018）。阳昌霞等（2020）利用MODIS-NDVI遥感数据、气候因子数据进行草原退化趋势及驱动因子分析，指出草原植被覆盖变化与气候因子息息相关，并存在明显的季节波动。由于气候变化直接或间接地改变了地表植被与环境的适应关系以及植物间的竞争机制，限制了草本植物的繁衍和定居（何远政等，2021；Li et al., 2018）。我国学者在退化草原治理研究中还充分考虑了退化草原面临的气候变化问题，并指出气温和降水的相互作用促进了草原带的演变（苏力德，2015）。

有学者在现有研究基础上对退化草原生态系统的恢复措施和机制进行了系统性的总结与论述，概括了"分区-分类-分级-分段"的恢复治理技术及管理模式，涵盖了自然修复、半人工草地补播和人工草地改建的生态恢复技术试验（周琼，2020）。根据植物种源、土壤微生物、土壤养分及人文影响因子，提出包括研发乡土草种子采集、扩繁、包衣、组配、免耕补播、筛选复合微生物菌种、研发菌剂以及调控土壤养分等草原恢复的主要途径（贺金生等，2020a），并指出在中重度退化草原生态修复时，施肥与补播、切根等措施结合实施效果更佳（闫晓红等，2020）。土壤表层添加高浓度的氮会对土壤真菌群落产生显著影响，从而改变土壤真菌群落的构成，在围封基础上短期水氮添加措施能进一步改善植被状况（李木乡，2020；徐锰瑶等，2020；王志瑞等，2019）。自然恢复、浅耕和耙地均能增加草地地上植物的生物量以及凋落物的累积，并对土壤和植物的氮磷比产生影响（Yang et al., 2017）。人工种草、补播改良、毒害草治理措施对沙化草原改良效果明显（李银春，2020）。免耕补播可以在最小化草原植被破坏的情况下，通过提高土壤环境质量，促进退化草原的良性恢复（Feng and Ramanathan, 2010）。种植适宜牧草种类对草地盐碱化改善效果显著（王静，2018）。带状混播技术能够促进荒漠草原土壤环境和植物群落的改善（吴宛萍等，2020）。适度放牧会促进一些禾草的分蘖、分枝和生长，合理放牧对草地生产力、生物多样性以及物质循环和能量流动均具有促进作用（Kemp et al.，2020）。生物土壤结皮在解决草原复垦过程中出现的表土不足、适应物种少、水资源短缺问题具有重要作用，它能够通过改变草原土壤理化性质和生物学特征影响局部水文循环，对表土具有显著的持水能力（Rosentreter，2020；Törn et al.，2006）。此外，还有大量学者对恢复后的草原状态及恢复效果进行了长期监测与关注，并试图筛选最适封育年限（李超锋和董乙强，2020；张振超，2020）。

西藏具有独特的高寒草地景观和生物基因库，天然草地面积为 8820.15 万 hm^2，其余多为人工草地，西藏可利用的草地面积占全国的 26%，是我国五大牧区之一，大部分为海拔 4500m 以上的高寒草地（吴晓燕和平措，2021；邵小明等，2019）。饲用植物 2072 种，其中主要的植物为菊科、禾本科、莎草科等（郭小伟等，2011）。西藏所处的特殊地理位置、复杂的自然环境和气候条件，造就了草地类型的复杂性。全国 18 个草地类型中，西藏就有 17 个，堪称全国草地类型的缩影（吴晓燕和平措，2021）。除干热稀树灌草丛外，从热带、亚热带的次生草地到高寒草原，从湿润的沼泽、沼泽化草甸到干旱的荒漠化草原均有分布，是我国重要的绿色基因库和景观资源。高寒草地是西藏北部最重要的生态系统，占西藏北部总面积的94.4%。在寒冷、干旱或半干旱气候条件下，高寒草地由耐旱多年生草本或小灌木组成，其面积约占西藏草原总面积的 38.9%，包括高寒草甸、高寒草甸草原、高寒草原、高寒荒漠草原和高寒荒漠，高寒草地对西藏北部变化的环境十分敏感（Lu et al.，2015；Harris，2010）。高寒草原是西藏最具优势的生态系统，主要以耐寒耐旱的多年生密丛型禾草为建群种，并有由根茎型薹草以及垫状的小半灌木植物组成的高寒植物群落，物种组成相对简单，主要建群种包括紫花针茅、固沙草、青藏薹草、羊茅、野青茅等（Sun et al.，2014）。高寒草甸是西藏第二大草地类型，约占西藏草地总面积的 31.3%，为以中生多年生草本植物为优势种形成的植物群落，主要分布在林线以上、高山冰雪带以下的高山带，主要建群种为高山嵩草、矮生嵩草、线叶嵩草、西藏嵩草等（Shang et al.，2016；Shi et al.，2010）。高寒荒漠草原约占西藏草原总面积的 10.7%，由寒冷干旱气候条件下的旱小灌木和小草组成，是西藏由草原向沙漠过渡的高寒草地类型（高小源和鲁旭阳，2020）。

西藏高寒草甸生态系统的抗性强，恢复力弱，恢复时间长。西藏地区草地退化面积整体呈先降后升复降再升的反复变化过程，草地退化高值区域有由西北向东南方向转移的趋势（武爽等，2021）。高寒草地生态系统较为脆弱，一旦遭到破坏，短时间内很难恢复。随着退牧还草工程和草地保护政策的实施，气候及人为干扰对西藏地区草地退化的响应机制发生变化，明确草地退化的影响因素，评价草地保护政策对退化草地恢复的效用，是合理保护西藏地区草地生态平衡的基础（武爽等，2021）。已有研究表明，全球气候变暖带来的干旱与脆弱的生态环境、严重的草地鼠虫害，以及草地建设滞后、投入不足等问题均是影响西藏天然草场保护与建设的主要原因（索朗曲吉等，2020）。此外，就西藏草地恢复的研究而言，生物土壤结皮的研究非常匮乏，仍然处于初级探索阶段。

6.2 藓结皮研究

藓结皮作为生物土壤结皮的高级阶段，是生物土壤结皮的重要组成部分和生物量的最主要贡献者（李继文等，2021）。苔藓植物在截留降水、涵养水源等方面扮演着重要角色，尤其是荒漠藓类植物。荒漠藓类植物在个体水平和群体水平上均表现出较强的环境适应性，能够较好地适应和应对干旱少雨的恶劣环境（李继文等，2021；Xiao et al.，2019）。藓结皮是荒漠植物群落演替的先锋类群，能够提高荒漠地表的稳定性、固定碳和氮等营养元素、增加土壤肥力，并在保持土壤水分方面发挥重要作用，因此在干旱区受损地表的生态修复方面具有广阔的应用前景（周晓兵等，2021）。

我国苔藓植物结皮层的研究主要集中在内蒙古、新疆、宁夏、陕西、山西、甘肃、青海、河北、福建等，具体包括内蒙古的十二连城（单飞彪，2009）、鄂尔多斯准格尔旗阿贵庙自然保护区（赵小艳等，2011）、皇甫川流域（田桂泉和赵东平，2015）、浑善达克沙地、腾格里沙漠、库布齐沙漠、科尔沁沙地、呼伦贝尔沙地（闫德仁等，2019a，2019b）、乌兰布和沙漠（李柏，2015），新疆的古尔班通古特沙漠（李继文等，2021；吴楠等，2020）、宁夏的宁东能源化工基地（樊瑾等，2021）、盐池毛乌素沙地（孙永琦等，2020；赵河聚等，2020；李宜坪，2018），陕西的神木市六道沟小流域（张子辉，2020）、延安市安塞区和吴起县合沟（李宁宁等，2020；王闪闪，2017；胡忠旭，2016），甘肃的兰州市榆中地区（章浩天等，2019）、兰州大学半干旱气候与环境观测站（韩炳宏，2016），青海的共和县沙珠玉治沙试验林场（赵河聚等，2020；辜晨，2016）、贵德县（杨光，2017），河北的张北县（王渝淞，2019），福建的三明市三元区陈大镇（陈奶寿等，2018），山西的吕梁市区北川河公园（吴尚伟等，2014）。这些区域分布的苔藓植物结皮以藓结皮为主，包含的藓类物种包括齿肋赤藓、真藓、极地真藓、土生对齿藓、盐土藓、厚肋流苏藓、泛生墙藓、短叶对齿藓、扭口藓、双色真藓、短叶扭口藓 *Barbula tectorum* Müll. Hal.、华中毛灰藓 *Homomallium plagiangium* (Müll. Hal.) Broth.、高地紫萼藓、小叶藓、小扭口藓、小石藓、芦荟藓、绿色流苏藓 *Crossidium chloronotos* (Brid.) Limpr.（樊瑾等，2021；李继文等，2021；孙永琦等，2020；吴楠等，2020；张子辉，2020；章浩天等，2019；田桂泉和赵东平，2015；王显蓉，2014；潘莎等，2011；赵小艳等，2011；田桂泉等，2005）；包含的苔类物种仅有 1 种，为叶苔 *Jungermannia lanceolata* Linn.（陈奶寿等，2018）。

　　荒漠藓类植物叶片多为单层细胞，对环境变化十分敏感，被誉为环境变化的指示剂。近几十年来诸如增温、氮沉降及极端天气等事件的发生致使荒漠藓类植物生存受到严重威胁（李继文等，2021）。水分是荒漠植物生长最主要的限制因子，藓结皮作为荒漠土壤表层的重要覆被物对土壤水分蒸发入渗具有重要影响（陈同德等，2020；Bao et al.，2019）。在同样盖度条件下，苔藓结皮发育的土壤抗蚀性能优于混合结皮发育的土壤（李宁宁等，2020），苔藓结皮的光合速率月动态变化高于藻结皮，且在同一降水条件下，苔藓结皮的净碳通量、呼吸速率、光合速率和累积碳释放增加明显，而藻结皮增加不明显（辜晨，2016）。但也有研究指出，苔藓结皮对于油蒿灌丛土壤氮素周转的调控作用要弱于地衣结皮（孙永琦等，2020），同时藓类结皮死后会明显减少土壤水分入渗、增大水分蒸发，进一步影响荒漠表层土壤水分格局，从而影响生物土壤结皮与维管植物的水分利用关系（李继文等，2021），此外苔藓结皮对下层氮素的影响低于藻结皮和混生结皮（姚春竹，2014）。

　　研究表明，在全球气候变化背景下，不确定的降水格局变化导致结皮层藓类植物出现集群死亡现象。李继文等（2021）以古尔班通古特沙漠齿肋赤藓结皮为研究对象，研究了结皮层藓类植物死亡对土壤水分蒸发与入渗的影响，结果表明，藓类结皮较裸沙而言显著抑制了水分入渗，而死亡的藓结皮层抑制作用最大，明显减少了土壤水分入渗、增大了水分蒸发，进一步影响了荒漠表层土壤的水分格局，从而影响生物土壤结皮与维管植物的水分利用关系。王国鹏等（2021）针对黄土高原风沙土和黄绵土两种典型土壤，测定并比较了不同含水量下藓结皮土壤和无藓结皮土壤的穿透阻力差异并定量分析了藓结皮层对土壤穿透阻力的影响及其与土壤性质（含水量、容重、有机质含量及颗粒组成）的关系，研究结果表明，藓结皮对风沙土穿透阻力的影响深度随含水量变异较大，无结皮土壤的穿透阻力随深度增加而线性增加的趋势不同，藓结皮土壤的穿透阻力与含水量、容重、有机质含量及砂粒含量均具有相关性，这些因素均为藓结皮改变表层土壤穿透阻力的重要途径。孙福海等（2020）研究表明，黄土高原生物土壤结皮的发育显著增加了土壤斥水性，且斥水性沿降水梯度从南到北呈先减小后逐渐稳定的空间变化趋势，年平均降水量主要通过改变生物结皮厚度、苔藓生物量和有机质含量等理化性质而间接影响土壤斥水性。李新凯等（2018）研究发现，藓结皮的存在能够提高沙蒿、沙柳和柠条锦鸡儿 0～80cm 的根系层土壤水分，重度干扰有利于提高 0～80cm 的根系层和 80～200cm 的深层土壤水分含量，并且藓结皮的存在有利于减轻沙蒿、柠条锦鸡儿和沙柳下方沙土风蚀。在典型黄土丘陵沟壑区草地生态系统中，藓结皮对土壤氮、碳的固定超过藻结皮的 1.9 倍，藓结皮土壤微生物含量高于藻结皮的 3.1 倍,更利于土壤养分的积累和转换,益于植被生长发育(Bao et al.,2019);藓结皮中藓类植物的盖度超过 35%时可以完全控制水蚀作用对土壤造成的侵害,低于 35%时,土壤含沙量将随藓类植物盖度的增加呈对数下降(Gao et al.,2013)。此外,李靖宇等(2018)对腾格里沙漠东南缘沙坡头地区藓结皮土壤样品进行了宏基因组测序,揭示了该地区藓结皮土壤中参与固碳、固氮等生态功能的微生物基因及其代谢通路,并分析出藓结皮土壤中与固氮相关的代谢通路丰度低可能是藓结皮固氮量微弱的根本原因,而藓结皮已经形成的氮库主要通过硝酸盐还原途径将硝酸盐还原成铵盐,可能用于藓结皮微生物组自身的氨基酸合成,可能为藓类植物的生长提供有效氮源。

大量研究表明,在水分条件有限的干旱区、半干旱区脆弱生态环境,藓结皮中的优势类群均以典型的旱生藓和生态辐宽、适应性强的藓类植物为主。例如,澳大利亚西南部的新南威尔士州和东部的干旱荒漠草原,北美洲的索罗拉荒漠和美国科罗拉多高原荒漠草原,中国新疆的古尔班通古特沙漠和内蒙古地区的腾格里和库布齐等沙漠及黄土丘陵沟壑区荒漠草原分布的藓结皮中的优势藓类均以真藓属、对齿藓属、墙藓属、赤藓属、扭口藓属中的物种为主(Jia et al.,2018;田桂泉和赵东平,2015;赵允格等,2008;张元明等,2005;Eldridge and Leys,2003),与西藏分布的优势藓属一致(见第 2 章和第 4 章)。这些藓类物种的形态结构对环境的可塑性较强,在气候变化显著和人为干扰强烈的生境还可以通过改变孢子体和配子体的繁殖方式减小环境的侵害(Wang et al.,2019;Tuba et al.,2011;Zander,1993);另外,全球气候变化会对苔藓植物的光合作用、生理代谢途径等方面产生一系列影响,增温条件下,苔藓植物的酶活性和脯氨酸含量都会发生显著变化,可溶性糖含量也显著升高,利于苔藓植物抵抗逆境胁迫(Hui et al.,2018;回嵘等,2014;田维莉,2011)。但目前国内外研究中却很难发现区域尺度气候梯度上对苔藓结皮生理性状、硬性状及地下响应性状等功能性状的探究(Wang et al.,2019)。今后,在对苔藓结皮群落内苔藓植物多样性进行研究的同时,优势藓类的生理生态学特性也应引起足够的重视。

6.3 藓结皮与草地的相关性研究

气候变化是物种多样性和生态系统面临的最大威胁之一(Fahad and Wang,2020;Gashev et al.,2020)。高寒草地作为重要的天然牧场和生态屏障,由于地理格局,寒冷、干旱胁迫和土地利用的多重影响,以及环境因子间的相互作用,将遭受气候变化更为复杂的影响和侵害(Yuan et al.,2020;Zhang et al.,2020;Cao et al.,2019;Qiu,2016)。苔藓结皮是高寒草地常见的地被物,也是生物土壤结皮的顶级发育形式和主要类型,在促进生态恢复方面具有重要作用(Rosentreter,2020;

秦福雯等，2019；Xu et al.，2019）。据报道，随着全球气候变化，世界范围内土壤生物结皮的覆盖范围将减少 40%，其中苔藓结皮的生态服务功能也将随着气候变化大幅度下降（Blanco-Sacristán et al.，2019；de Guevara et al.，2018）。

目前，苔藓结皮对草地植被的生态功能存在一定的争议和疑问。有学者指出二者盖度显著正相关，苔藓结皮以促进作用为主（李渊博等，2020；Fick et al.，2020；Xu et al.，2019），有学者指出二者盖度呈负相关，苔藓结皮抑制草地建植（Gilbert and Corbin，2019；Havrilla，et al.，2019），也有观点认为二者处于不同的资源维度，并不存在互惠或者竞争关系（Törn et al.，2006）。Havrilla 等（2019）发现，C_4 植物较 C_3 植物可从苔藓结皮中获取更大的益处，苔藓结皮抑制本地草本植物繁殖但却促进入侵草本植物的定居和生长。徐恒康等（2018）发现，苔藓结皮可降低高寒草地杂草的比例，苔藓结皮的发育程度直接影响它与草本植物的相关性。可见，苔藓结皮与草地植被的关系并不是简单地促进或者抑制作用，而与植被的分类群和苔藓结皮的群落结构密不可分。另有研究指出，分布于高寒荒漠草地的苔藓结皮有利于种子滞留和幼苗建植，干旱区、半干旱区的苔藓结皮可促进草地植被物种多样性和丰富度的增加（Rosentreter，2020；Bao et al.，2019；Xu et al.，2019）；分布于半湿润区的苔藓结皮使种子植物受到水分和养分供应的限制，影响了其繁殖和新陈代谢的速率，苔藓结皮的厚度与草地植被的盖度和物种多样性呈负相关（Gilbert and Corbin，2019）。据此推断，苔藓结皮与草地植被的关系可能随气候梯度发生促进和抑制作用的转变。此外，Jørgensen（2009）和 Begon 等（2006）指出，不同植物类群对气候变化的响应并不一致，将按照各自的生物学特性在结构、分布模式和功能上随气候变化发生改变。因此，研究气候梯度上苔藓结皮群落结构和分布的动态演变是揭示草地生态系统苔藓结皮的结构和功能及其对气候变化响应的关键。

群落结构特征是物种生长特性和环境因子及群落内各个类群间关系的综合作用的结果（Turunen et al.，2018）。在群落结构研究过程中，群落内的物种多样性可以反映群落结构的复杂性和发展阶段，物种的重要值可以评价物种在群落中的地位和作用，丰富度和均匀度可以度量群落内物种数目及不同群落的相似度，并进行各类群间的相关性分析以揭示不同类群的作用和功能（Al-Namazi，2019；Minor et al.，2019；Bourgeois et al.，2018）。苔藓结皮层中的优势藓类植物体内的可溶性糖和脯氨酸含量会随着温度和水分的改变发生显著变化，利于抵抗逆境胁迫（Hui et al.，2018；回嵘等，2014；Tuba et al.，2011）。目前，国内外学者对生物土壤结皮层的群落结构特征的研究已非常成熟，利于揭示区域尺度气候变化对苔藓结皮群落结构的影响（Fick et al.，2020；Čapková et al.，2016；赵允格等，2008；张元明等，2005）。但气候变化对苔藓结皮群落结构特征的影响并非一蹴而就，苔藓结皮群落内优势藓类的形态和生理的功能性状可以作为捕捉微生境气候条件变化的关键指标，然而往往被大尺度群落结构动态演替的研究所忽视（Wang et al.，2019）。空间分布格局体现了物种、环境与地域的精确匹配度，而气候变化是导致植物分布模式的主要原因（Maren et al.，2018；Begon et al.，2006）。随着物种空间分布模型的发展和应用，科研人员已经勾勒出气候变化背景下苔藓植物在不同生态系统的迁移路线（Nawrocki et al.，2020；Wilson et al.，2019；夏尤普等，2018），但气候变化驱动高寒草地生态系统苔藓结皮分布迁移的研究仍处于初始阶段。

高寒草地恢复治理中最重要的是对退化草地的实际状况进行调查和综合分析，充分利用各种技术，尽快恢复退化草地生态系统的结构与功能。周华坤等（2016）认为退化高寒草地的治理应站在生态系统的高度，采用调整系统内部各组分结构的综合治理模式，如人工草地种植、天然草地改良、鼠虫防治、天然草地季节封育、家庭牧场优化经营及高寒草地畜牧业集约化管理等。贺金生等（2020a）针对植物种源、土壤微生物、土壤养分及人文影响因子，提出了退化高寒草地恢复的主要途径，包括：①研发乡土草种种子采集、扩繁、包衣等技术，不同乡土草种种子组配及免耕补播技术，解决种源制约；②筛选适用于退化草地恢复的复合微生物菌种并研发菌剂，解决退化草地恢复的微生物制约；③研发以土壤养分调控为基础的植被恢复技术，解决退化草地恢复的土壤制约；④构建基于牧民新技术应用的草地适应性管理模式。贺金生等（2020b）提倡在恢复实践中遵循自然规律，了解恢复区域周边草地群落的组成、结构及土壤条件，以外源添加（种源、养分、微生物菌剂等）为辅助手段，开展兼具生产功能和生态功能为目标的"近自然恢复"。总之，针对不同类型、不同退化程度的草地生态系统，应采取不同的恢复方法。从生态系统的组成成分角度看，主要包括非生物和生物系统的恢复（师尚礼，2009）。非生物系统恢复技术包括水体恢复技术（如控制污染、去除干扰、排涝和灌溉技术）、土壤恢复技术（如草地施肥、土壤改良、表土稳定、控制水土侵蚀、换土及分解污染物等）、空气恢复技术（如烟尘吸附、生物和化学吸附等）。生物系统的恢复技术包括植被（物种的引入、品种改良、植物快速繁殖、植物的搭配、植物的种植）、消费者（消费者的引进、病虫害的控制）和分解者（微生物的引种及控制）的重建技术和生态规划技术等。而在生物系统恢复过程中，以藓结皮为主要研究对象进行西藏地区高寒草地退化和恢复的生物系统恢复研究仍十分有限，在综合治理高寒草地退化的过程中，也鲜有引入藓结皮的综合研究。

西藏拥有典型的高寒草地生态系统，又是气候变化的热点区域（Hu et al.，2017；Kilroy，2015）。西藏自东南向西北具有明显的海拔和降水梯度，且不同类型的高寒草地依次更替分布（张宪洲等，2015；Song et al.，2015），是研究气候变化对物种群落结构和空间分布影响的理想场所。我国学者已在干扰生态因子分析、围栏封育、施肥和生态补播、鼠毒虫害的治理等方面取得了较好的研究成果，为西藏高寒草地生态环境的保护提供了良好的技术支撑（Dong et al.，2020；严俊等，2019；Niu et al.，2019；张宪洲等，2015）。但西藏高寒草地对气候变化的适应性和对自然灾害的抵御能力较弱，仍面临严重退化的可能（Xiong et al.，2019；Hu et al.，2017）。另外，西藏苔藓植物的研究表明，21 世纪旱生藓类的物种多样性较 20 世纪有显著增加（Zhang et al.，2023；Kou et al.，2015，2019；Song et al.，2015），气候变化对旱生藓类的功能性状有显著影响（Wang et al.，2019），未来气候变化将驱动西藏优势旱生藓类向更高海拔和更高纬度发生迁移（Kou et al.，2020；寇瑾，2018）。但苔藓结皮作为西藏高寒草地的重要组成，既有苔藓植物对气候变化的敏感指示作用和生物土壤结皮改善土壤生态环境的共性（Zhang et al.，2020；Smith et al.，2019；He et al.，2016），也有苔藓结皮和草地植被相互作用的特性（Rosentreter，2020；Bao et al.，2019），同时也因其可被看作功能群而更利于空间分布模型的分析（Kou et al.，2020）。但目前西藏仅有苔藓结皮群落内固氮菌改善土壤生态环境的研究（Che et al.，2018），气候变化驱动西藏高寒草地苔藓结皮群落结构和分布发生动态变化，进而影响苔藓结皮对高寒草地生态服务功能的科学问题尚未被提出。

此外，需要关注高原鼠兔这一西藏高寒草甸的优势动物。魏学红等（2006）通过对当雄龙仁乡、那曲门地乡和工布江达松多镇的调查发现，高原鼠兔的分布已遍及藏北草原，严重危害了藏北的草地环境，系统地研究高原鼠兔的发生、危害及防治规律，对改善青藏高原及全球生态环境有重要意义。张卫红等（2018）的研究发现，高原鼠兔的摄食和掘穴活动加快了西藏邦杰塘高寒草甸的退化速度，制约着当地草牧业的可持续发展。刘汉武（2008）指出，高原鼠兔与家畜具有相同食源，其地面采食行为会造成和家畜争夺优良牧草的局面，而李勋等（2022）发现高原鼠兔与牦牛、羊等家畜的食物生态位重合度较小，对各类家养食草动物的负面影响较为有限。高原鼠兔还有地下掘洞行为，该行为会造成地表斑块状裸露和地下植物根系的破坏。然而，高原鼠兔挖掘的洞穴也能够为鸟类提供巢穴，使土壤松动，加速土壤中营养物质的矿化和分解，促进土壤养分循环过程并提升土壤的保水保肥能力（李文靖，2021）。李勋等（2022）研究表明，高原鼠兔对高寒草地生态系统的作用是既有负面效应也有积极作用，尤其是当高原鼠兔的密度较为适宜时，能够提高高寒生态系统地表植被覆盖度、种类以及地下土壤动物数量和种类，对增加草地生物量有正面影响。

高原鼠兔的密度与草甸植被高度、盖度均有显著的线性相关，高原鼠兔更喜欢选择坡中位、植被稀疏、株丛低矮、植物纤维含量低的植被类型（严俊等，2019）。早期有研究指出，高原鼠兔采食率最高的是禾草和杂类草（蒋志刚和夏武平，1985），但随着全球气候变化，高原鼠兔的采食喜好发生了一定的变化。我们在 2014 年、2015 年西藏当雄、那曲、波密等地收集到的高原鼠兔的粪便中检测到了苔藓植物体碎片，且当雄、那曲两地高原鼠兔粪便中苔藓植物体的含量明显高于波密的。苔藓植物营养含量很低，80%都是纤维素，哺乳动物并不会为了获取营养物质而采食苔藓植物。但苔藓植物中多链的可溶性脂肪酸（尤其是花生四烯酸）含量较高，这种脂肪酸能够提高动物的御寒能力，这可能是寒冷地区生活的动物采食苔藓植物的一个原因（冯超和白学良，2011）。此外，鼠兔也经常选择苔藓结皮层分布密集的地方定居以遮挡洞穴。随着气候变化，苔藓植物的分布有所迁移，苔藓结皮层的分布可能也会发生一定的变化，而鼠兔的活动范围也有所变化，鼠兔的分布发生变化必然对草地造成不同的影响，所以藓结皮与草地相关性的研究非常复杂，二者的关系往往会因为植物与植物间的作用、植物与动物间的关系而发生转变。

6.4 西藏藓结皮调查研究

西藏地处中国西南边陲，位于青藏高原西南部，占整个青藏高原面积的70%以上，全区85.1%以上的区域均位于海拔4000m以上，自东南至西北方向海拔逐渐升高。在所处经纬度、海拔、地形地貌及大气环流状况制约下，西藏太阳辐射强，日照时数长，气温低，空气稀薄，大气干洁，干湿季明显，冬春季多大风，气候特征独特且复杂多样。总体呈现西北严寒干燥，东南相对温暖湿润的特点（Song et al.，2015）。气候类型自东南向西北依次有热带、亚热带、高原温带、高原亚寒带、高原寒带等类型。在藏东南和喜马拉雅山南坡高山峡谷地区，由于地势迭次升高，气温逐渐下降，气候发生从热带或亚热带气候到温带、寒温带和寒带气候的垂直变化（Kou et al.，2020；Song et al.，2015）。考虑到西藏地理生态环境的特殊性，我们对西藏的苔藓植物进行了系统的调查和标本采集。

作者在攻读博士学位期间在导师邵小明教授的指导下于2014年、2015年分别对西藏的各个气候区进行了苔藓植物的系统地野外调查和标本采集工作。按照海拔梯度（150～200m的垂直高度）进行样地的选择和样方的布设，以确保样地的设置尽量均匀，每个样地设置3～5个样方，样方大小为50cm×50cm。主要针对样方内标本的系统采集以及样地内样方外的苔藓植物标本搜集，以尽量保证研究地苔藓植物多样性调查的充分性。在野外采集的过程中记录采集时间、标本采集地点（包括海拔、经纬度等信息）、标本栖息地的生境特点和着生基质类型，以及样方内苔藓植物的盖度和栖息地周围的植被类型。此外，作者对2007年、2008年、2011年、2012年采集的西藏苔藓植物标本进行了形态学解剖观察和物种的鉴定。作者博士后期间在团队成员及合作单位的协助下补充采集了西藏半湿润区、半干旱区、干旱区的点位数据及标本，同时对国内主要的苔藓植物标本馆（中国科学院植物研究所标本馆等）进行了西藏标本的借阅，并对该区部分物种进行了分类学修订。

依据《中国苔藓志 第二卷 凤尾藓目 丛藓目》（高谦，1996）、*Moss Flora of China* (Volume 2)（Li et al.，2001）、《西藏苔藓植物志》（中国科学院青藏高原综合科学考察队，1985）、《内蒙古苔藓植物志》（白学良，1997）、"Genera of the Pottiaceae: Mosses of Harsh Environments"（Zander，1993）和 *Flora of North America* (Volume 27)（Zander，2007）等，作者对苔藓植物标本进行了形态解剖和经典分类学研究，一些疑难物种咨询了国内外苔藓植物学家，并在博士后期间进行了一定的分子系统学研究工作。

目前，西藏仅有苔藓结皮群落内固氮菌改善土壤生态环境的研究（Che et al.，2018），而没有结皮层群落的物种组成和分布格局的研究。为了给后续西藏结皮层的研究提供基础数据和资料，现将西藏藓结皮层内优势藓类物种总结如下。西藏藓结皮层内优势藓类物种有斜叶芦荟藓、钝叶芦荟藓、丛本藓、阔叶丛本藓、卷叶丛本藓、小扭口藓、溪边扭口藓、扭口藓、云南红叶藓、赞德红叶藓、无齿红叶藓、扁肋红叶藓、红叶藓、红对齿藓、尖锐对齿藓、鹅头叶对齿藓、澳洲对齿藓、尖叶对齿藓芒尖变种、北地对齿藓、反叶对齿藓、细肋对齿藓、半边疣对齿藓、密执安对齿藓 *Didymodon michiganensis* (Steere) K. Saito、黑对齿藓、细叶对齿藓、硬叶对齿藓、硬叶对齿藓尖叶变种、硬叶对齿藓细肋变种、*Didymodon rigidulus* var. *subulatus* (Thér. & E.B. Bartram ex E.B. Bartram) R.H. Zander、剑叶对齿藓、短叶对齿藓、西藏对齿藓、灰土对齿藓、土生对齿藓、赞氏对齿藓、卵叶盐土藓、盐土藓、石芽藓、齿肋赤藓、高山赤藓、反纽藓、毛口藓、卷叶毛口藓、小石藓、泛生墙藓、长叶纽藓、银藓、东亚昂氏藓、短月藓、真藓、黄色真藓、垂蒴真藓、高山真藓、丛生真藓、细叶真藓、刺叶真藓、小凤尾藓、角齿藓、近缘紫萼藓、卵叶紫萼藓、南欧紫萼藓、虎尾藓、旱藓、缨齿藓、大帽藓、西藏大帽藓、全缘小金发藓、金发藓、桧叶金发藓等。

现今，国内外学者从遥感光谱学的角度对苔藓植物形成的生物土壤结皮的分布特征进行了研究，这对区域苔藓植物的遥感解译和分布制图具有重要意义（Smith et al.，2019；房世波，2010）。然而，藓结皮的反射率较低，气候变化、土壤湿度、地形地貌及苔藓植物自身的干湿状态均对其光谱特征产生很大影响（Ouyang et al.，2020；Urosevic et al.，2020；Zhang et al.，2020）。通过藓结皮构建的遥感解译方法很难具有普适性，易造成盖度和植被生产力的错误评估（Blanco-Sacristán et al.，2019；冯秀绒等，2015）。此外，不同地物交界处常存在大量混合像元，"异物同谱"现象普遍存在，在遥感影像上难以对苔藓植物进行区分（Smith et al.，2019；冯秀绒等，2015）。目前，提高藓结皮遥感影像和高光谱数据的提取精度需要探寻新的途径，应用遥感光谱学技术对苔藓植物的分布特征进行研究不易实现。

　　藓结皮是生物土壤结皮的顶级发育形式和主要类型，其分布格局和多度的变化将直接影响草地植被群落结构及生态环境的演变过程（李小娟等，2019；秦福雯等，2019；Havrilla et al.，2019）。尽管大量研究指出苔藓结皮具有不可替代的重要作用，也指出对齿藓是苔藓结皮的主要成分，并指出对齿藓具有的重要功能（Zhang et al.，2020；Xu et al.，2019；Jia et al.，2018）。然而，目前仅有气候变化降低生物土壤结皮覆盖度并导致旱地基本生态服务功能下降的报道（Blanco-Sacristán et al.，2019；de Guevara et al.，2018）。而探究气候变化背景下西藏藓结皮地理分布格局的研究才刚刚起步，生态位理论与分布模型的结合是揭示气候变化对其分布格局及生态功能影响的关键。因此，今后通过地理分布模型模拟西藏藓结皮的分布格局及其对气候变化的响应可以行之有效地了解高寒草地藓结皮的分布特征及变化，进而应用于高寒草地的保护与恢复。

主要参考文献

艾尼瓦尔·阿布都热依木, 热比也木·吾甫, 玛尔孜亚·阿不力米提, 等. 2015. 喀喇昆仑山—西昆仑山苔藓植物区系及物种多样性. 东北林业大学学报, 43(1): 88-92.

艾尼瓦尔·吐米尔, 买买提·沙塔尔, 马衣拉·莫合买德, 等. 2012. 新疆乌鲁木齐南部山区地面生地衣生态位研究. 干旱区资源与环境, 26(7): 116-120.

安淳淳. 2019. 基于 MODIS 数据的青藏高原植被物候监测及其对气候变化的响应研究. 中国科学院大学博士学位论文.

白秀文, 徐杰. 2009. 内蒙古大青山东段黄花沟苔藓植物区系生态研究. 现代农业科学, 16(3): 131-133, 151.

白学良. 1997. 内蒙古苔藓植物志. 呼和浩特: 内蒙古大学出版社.

白学良. 2014. 贺兰山苔藓植物彩图志. 银川: 阳光出版社, 宁夏人民出版社.

毕庚辰, 白学良, 冯超, 等. 2013. 内蒙古乌兰坝-石棚沟自然保护区苔藓植物区系研究. 内蒙古大学学报(自然科学版), 44(3): 294-301.

蔡锦蓉. 2017. 浙江舟山嵊泗列岛苔藓植物区系及地理分布研究. 上海师范大学硕士学位论文.

蔡奇英, 王保忠, 石伟, 等. 2016. 鄱阳湖湿地苔藓植物区系及分布. 湿地科学, 14(5): 665-670.

蔡奇英, 王星, 霍云峰, 等. 2018. 铜钹山自然保护区苔藓植物区系研究. 南昌大学学报(理科版), 42(3): 263-269.

蔡奇英, 赵帆, 刘以珍, 等. 2014. 南昌市城区苔藓植物区系. 南昌大学学报(理科版), 38(2): 182-186.

仓决卓玛, 杨乐, 强曲, 等. 2011. 高原鼠兔生物控制技术在西藏当雄的应用. 西藏科技, (1): 56-58.

曹鸿鸣. 2007. 重新审视草原的生态服务功能: 走出草原生态治理的误区. 中国发展, 7(3): 15-18.

曹同, 郭水良. 2000. 长白山主要生态系统苔藓植物的多样性研究. 生物多样性, 8(1): 50-59.

曹同, 郭水良, 娄玉霞, 等. 2014. 苔藓植物对环境的指示与响应. 北京: 科学出版社.

曹同, 贾学乙, 袁永孝, 等. 1990. 辽宁白石砬子苔藓植物群落及其区系成分的研究. 辽宁师范大学学报(自然科学版), (4): 40-46.

曹威. 2020. 东云贵高原苔类植物分类学研究. 贵州大学博士学位论文.

常佩静, 李永善, 吴楠等. 2021. 阿拉善荒漠两种典型豆科植物主要物候期对气候变化的响应. 中国农业气象, 42(5): 364-376.

陈邦杰. 1963. 中国藓类植物志. 北京: 科学出版社.

陈家伟, 俞英, 陈子林, 等. 2009. 浙江大盘山国家级自然保护区藓类植物区系研究. 南京林业大学学报(自然科学版), 33(1): 74-78.

陈龙, 吴玉环, 李微, 等. 2009. 沈阳市苔藓植物区系初步研究. 杭州师范大学学报(自然科学版), 8(3): 203-208.

陈陆丹, 胡菀, 李单琦, 等. 2019. 珍稀濒危植物野生莲的适生分布区预测. 植物科学学报, 37(6):

731-740.

陈奶寿, 杨舟然, 杨玉盛, 等. 2018. 中亚热带杉木人工林苔藓覆盖对土壤温室气体排放的影响. 生态学杂志, 37(4): 1071-1080.

陈同德, 焦菊英, 王颢霖, 等. 2020. 青藏高原土壤侵蚀研究进展. 土壤学报, 57(3): 547-564.

程丽媛, 曹同, 张宏伟, 等. 2016. 浙江省清凉峰自然保护区苔藓植物区系成分研究. 西北植物学报, 36(2): 398-403.

程前. 2020. 皖南地区苔类植物区系. 安徽师范大学硕士学位论文.

丛明旸, 唐录艳, 李金江, 等. 2019. 渤海国上京龙泉府宫城遗址苔藓植物调查与区系分析. 江西师范大学学报(自然科学版), 43(5): 484-489.

崔明昆, 王跃华. 1998. 云南鸡足山苔藓植物区系的研究. 云南大学学报(自然科学版), (S4): 535-539.

崔再宁, 夏欣, 周书芹, 等. 2015. 贵州云雾山苔藓植物区系环境特征. 环保科技, 21(3): 1-5.

戴睿, 刘志红, 娄梦筠, 等. 2012. 西藏地区 50 年气候变化特征. 干旱区资源与环境, 26(12): 97-101.

邓佳佳, 熊源新, 刘伟才, 等. 2008. 贵州省岩下大鲵自然保护区苔藓植物区系调查. 山地农业生物学报, 27(2): 123-126, 133.

邓坦, 何林, 邓伟. 2017. 贵州乌江东风水库库区消落带苔藓植物区系分析. 植物资源与环境学报, 26(1): 97-103.

东主, 石玉龙, 马和平. 2018. 色季拉山地面生苔藓植物地理区系研究. 高原农业, 2(5): 512-518, 511.

杜超, 邵娜, 任昭杰, 等. 2008. 甘肃白龙江流域紫萼藓科植物研究. 山东科学, 21(5): 8-10.

杜兴兰. 2018. 河北塞罕坝自然保护区苔藓植物初步调查与区系分析. 安徽农学通报, 24(12): 81-82.

樊瑾, 李诗瑶, 王融融, 等. 2021. 荒漠草原生物结皮演替对结皮层及层下土壤细菌群落结构的影响. 生态学杂志, 40(7): 2033-2044.

范宗骥, 黄忠良. 2015. 广东鼎湖山自然保护区苔藓植物区系初步分析. 广东农业科学, 42(1): 150-156.

房世波. 2010. 苔藓结皮光谱的变异性研究. 红外与毫米波学报, 29(5): 347-350.

冯超. 2013. 黑龙江五大连池火山苔藓植物多样性及分类学研究. 内蒙古大学博士学位论文.

冯超, 白学良. 2011. 驯鹿对苔藓植物的选择食用及其生境的物种多样性. 生态学报, 31(13): 3830-3838.

冯秀绒, 卜崇峰, 郝红科, 等. 2015. 基于光谱分析的生物结皮提取研究——以毛乌素沙地为例. 自然资源学报, 30(6): 1024-1034.

高佳. 2016. 内蒙古乌兰河地区苔藓植物区系与群落分类研究. 内蒙古师范大学硕士学位论文.

高谦. 1996. 中国苔藓志. 第二卷, 凤尾藓目. 丛藓目. 北京: 科学出版社.

高小源, 鲁旭阳. 2020. 休牧对西藏高寒草原和高寒草甸植被与土壤特征的影响. 草业科学, 37(3): 486-496.

高叶青, 丁彩琴, 任冬梅, 等. 2017. 稀土元素富集对白云鄂博矿区 8 种常见藓类植物生长及其解剖结构特征的影响. 西北植物学报, 37(1): 23-31.

高叶青, 任冬梅. 2018. 稀土元素对短叶对齿藓生理生化的研究. 植物研究, 38(5): 675-681.

高占军. 2020. 内蒙古大兴安岭北部原始林区植物区组成及主要植被群系特征分析. 内蒙古

林业调查设计, 43(2): 65-68.

耿国彪, 宋峥. 2019. 加强草原保护修复改善草原生态状况——全国草原工作会议在内蒙古锡林浩特召开. 绿色中国, (15): 8-12.

龚佐山, 吾尔叶提·阿布力孜, 古丽娜尔·阿不拉, 等. 2010. 和田慕士山区苔藓植物区系. 干旱区研究, 27(4): 578-584.

辜晨. 2016. 高寒沙区生物土壤结皮覆盖对土壤碳通量的影响. 中国林业科学研究院硕士学位论文.

古丽妮尕尔·穆太力普, 夏尤普·玉苏甫, 袁祯燕, 等. 2020. 阿尔金山国家级自然保护区的对齿藓属(Didymodon Hedw.)植物调查. 东北林业大学学报, 48(1): 34-43.

古丽尼尕尔·艾依斯热洪, 吐尔洪·努尔东, 麦迪娜·牙合牙, 等. 2019. 托木尔峰国家级自然保护区岩面生苔藓植物物种多样性研究. 干旱区资源与环境, 33(8): 204-208.

古再丽努尔·阿布都艾尼. 2015. 东部天山苔类植物区系分类学研究. 新疆大学硕士学位论文.

官飞荣. 2016. 武夷山脉苔藓植物多样性研究. 杭州师范大学硕士学位论文.

郭嘉兴. 2019. 天目山脉苔藓植物多样性研究. 杭州师范大学硕士学位论文.

郭磊, 韦博良, 胡金涛, 等. 2017. 基于两个不同资源轴上苔藓植物生态位分析. 生态学报, 37(21): 7266-7276.

郭蒙珠. 2020. 青藏高原高寒草地物候对气候变化的响应与敏感性分析. 成都理工大学硕士学位论文.

郭水良, 曹同. 2001. 浙江省金华山苔藓植物区系初报. 浙江师大学报(自然科学版), 24(1): 55-61.

郭小伟, 韩道瑞, 张法伟, 等. 2011. 青藏高原高寒草原碳增贮潜力的初步研究. 草地学报, 19(5): 740-745.

郭亚洲, 张睿涵, 孙暕, 等. 2017. 甘肃天然草地毒草危害、防控与综合利用. 草地学报, 25(2): 243-256.

郭玥微, 赵允格, 钱煦坤, 等. 2022. 黄土高原三种耐干藓营养繁殖的季节差异及机理. 应用生态学报, 33(7): 1738-1746.

国家林业局. 2015. 中国湿地资源. 西藏卷. 北京: 中国林业出版社.

韩炳宏. 2016. 黄土高原典型草原生物土壤结皮发育及其微生境土壤养分研究. 兰州大学硕士学位论文.

韩丽冬, 沃晓棠, 肖宇飞. 2021. 浅析植物叶片功能性状对气候变化的响应. 安徽农学通报, 27(5): 65, 107.

韩淑美. 2015. 大青沟国家自然保护区苔藓植物群落区系与分布特征研究. 内蒙古师范大学硕士学位论文.

何林, 黄正莉, 张仁波. 2011b. 大板水国家森林公园苔藓植物区系地理组成研究. 广东农业科学, 38(21): 148-149, 160.

何林, 李法锦. 2010. 遵义市区苔藓植物区系研究. 贵州师范大学学报(自然科学版), 28(4): 130-133, 139.

何林, 张素英, 邓坦, 等. 2016. 遵义市盆景苔藓植物物种及区系地理组成研究. 绿色科技, (13): 14-16, 19.

何林, 张素英, 张仁波. 2011a. 遵义海龙囤军事古堡苔藓植物区系研究. 安徽农业科学, 39(7): 3805-3807.

何强. 2005. 都江堰地区藓类植物区系研究. 首都师范大学硕士学位论文.

何远政, 黄文达, 赵昕, 等. 2021. 气候变化对植物多样性的影响研究综述. 中国沙漠, 41(1): 59-66.

何祖霞, 张力. 2005. 广东石门台自然保护区的藓类植物区系研究. 广西植物, (5): 399-405.

贺金生, 卜海燕, 胡小文, 等. 2020a. 退化高寒草地的近自然恢复: 理论基础与技术途径. 科学通报, 65(34): 3898-3908.

贺金生, 刘志鹏, 姚拓, 等. 2020b. 青藏高原退化草地恢复的制约因子及修复技术. 科技导报, 38(17): 66-80.

赫智霞. 2012. 内蒙古九峰山自然保护区苔藓植物区系研究. 内蒙古师范大学硕士学位论文.

红霞, 田桂泉. 2016. 呼锡高原苔藓植物区系特征研究. 内蒙古科技与经济, (7): 75-77.

红霞, 田桂泉, 乌日嘎玛拉. 2016. 内蒙古准格尔黄土丘陵区不同植被类型地面生苔藓植物物种多样性研究. 植物研究, 36(5): 712-720.

洪柳. 2020. 清江流域苔藓植物多样性及区系地理研究. 湖北民族大学硕士学位论文.

洪柳, 吴林, 牟利, 等. 2020. 木林子国家级自然保护区苔藓植物物种与区系研究. 植物科学学报, 38(1): 68-76.

洪柳, 余夏君, 吴林, 等. 2021. 鄂西南国家级自然保护区群——苔藓植物多样性保护的重要场所. 广西植物, 41(3): 438-446.

洪文. 2008. 黄石地区苔藓植物区系研究. 湖北师范学院学报(自然科学版), (1): 20-22, 37.

胡章喜, 项俊, 方元平. 2007. 黄冈大崎山森林公园苔藓植物区系研究. 安徽农业科学, (10): 3034-3035.

胡忠旭. 2016. 黄土丘陵区生物结皮对土壤微生物数量分布的影响. 西北农林科技大学硕士学位论文.

黄娟, 刘胜祥, 喻融, 等. 2003. 湖北省苔藓植物资源研究——Ⅳ浠水三角山地区苔藓植物区系研究. 江西科学, (1): 41-45.

黄士良, 颜丽, 金红霞, 等. 2021. 墙藓属(Tortula Hedw.)2种藓类植物孢子萌发与原丝体发育特征研究. 西北农业学报, 30(2): 271-277.

黄文专. 2020. 高山冰缘带苔藓植物物种多样性及其生态学研究. 杭州师范大学硕士学位论文.

黄艳娥. 2014. 草原生态系统的特点与现状. 养殖技术顾问, (1): 201.

黄钟霆, 杨保华, 陈剑虹, 等. 2018. 湿地匍灯藓监测大气污染的初步研究. 青海环境, 28(4): 157-160, 175.

回嵘, 李新荣, 赵锐明, 等. 2014. UV-B辐射对生物结皮层藓类植物生理生化指标的影响. 干旱区地理, 37(6): 1222-1230.

纪俊侠, 陈阜东. 1986. 河北雾灵山苔藓植物研究. 北京师院学报(自然科学版), (1): 49-59.

季梦成, 陈拥军, 王静. 2002. 马头山自然保护区苔藓植物区系研究. 山地学报, (4): 401-410.

贾鹏, 熊源新, 王美会, 等. 2011. 广西那佐自然保护区苔藓植物的组成与区系. 贵州农业科学, 39(6): 34-38.

贾晓敏. 2010. 内蒙古大青山和南部山地及丘陵苔藓植物区系研究. 内蒙古大学硕士学位论文.

贾渝, 何思. 2013. 中国生物物种名录. 第一卷, 植物. 苔藓植物. 北京: 科学出版社.

贾渝, 吴鹏程, 汪楣芝. 2001. 深圳梧桐山苔藓植物区系. 贵州科学, (4): 16-22.

姜业芳, 吴翠珍. 2007. 湖南小溪国家级自然保护区苔藓植物区系调查. 山地农业生物学报, (2): 142-145.

蒋洁云. 2018. 毕节市七星关区城郊四种林地苔藓植物区系研究. 贵州工程应用技术学院学报,

36(3): 38-43.

蒋洁云, 杨廷生. 2011. 毕节试验区罩子山苔藓植物区系研究. 毕节学院学报, 29(8): 18-26.

蒋志刚, 夏武平. 1985. 高原鼠兔食物资源利用的研究. 兽类学报, 5(4): 251-262.

靳淮明, 樊海德, 次仁. 2020. 西藏彭波河谷夏季鸟类物种多样性与环境梯度的相关性研究. 高原科学研究, 4(2): 37-47.

荆慧敏. 2007. 浑善达克沙地苔藓植物区系及生态学研究. 内蒙古大学硕士学位论文.

康文华. 1982. 西藏地区构造体系的划分及其发展. 青藏高原地质文集, (3): 175-190.

康学耕. 1986. 甄峰山苔藓植物的地理分布. 吉林农业大学学报, (3): 40-44, 104-107.

柯丹丹, 毛晓冬, 廖云君, 等. 2014. 浅议西藏区域地层区划及其含煤地层. 华南地质与矿产, 30(1): 50-57.

寇瑾. 2013. 五大连池新期火山苔藓植物物种多样性研究. 内蒙古大学硕士学位论文.

寇瑾. 2018. 西藏丛藓科的空间分布及其对气候变化的响应. 中国农业大学博士学位论文.

寇瑾, 白学良, 冯超, 等. 2012. 丛藓科植物叶细胞疣和乳突的光镜观察及其分类学意义. 西北植物学报, 32(11): 2224-2231.

兰凯鲜. 2017. 内蒙古阿拉善右旗山地苔藓植物多样性研究. 内蒙古师范大学硕士学位论文.

兰凯鲜, 徐杰. 2017. 呼和浩特市苔藓植物物种变化研究. 内蒙古林业科技, 43(1): 8-12.

黎兴江. 2000. 中国苔藓志. 第三卷, 紫萼藓目. 葫芦藓目. 四齿藓目. 北京: 科学出版社.

李柏. 2015. 不同荒漠生态系统生物结皮分布及水文特征研究. 北京林业大学博士学位论文.

李超锋, 董乙强. 2020. 封育在新疆蒿类荒漠草地植被及土壤恢复中的作用. 草食家畜, (6): 42-46.

李国治. 1982. 西藏地质构造之轮廓. 青藏高原地质文集, (3): 207-217.

李和阳, 林莉, 郑滢, 等. 2020. 西太平洋叶绿素a浓度对气候变化响应概念模型初探. 应用海洋学学报, 39(2): 153-161.

李积兰, 卡着才让, 李希来. 2022. 高原鼠兔干扰对退化草地植物经济类群和土壤理化性质的影响. 青海畜牧兽医杂志, 52(2): 18-24.

李继文, 尹本丰, 索菲娅, 等. 2021. 荒漠结皮层藓类植物死亡对表层土壤水分蒸发和入渗的影响. 生态学报, 41(16): 6533-6541.

李洁, 裴林英, 康文, 等. 2012. 四川王朗国家级自然保护区藓类植物多样性研究. 西北植物学报, 32(11): 2344-2351.

李靖宇, 刘建利, 张琇, 等. 2018. 腾格里沙漠东南缘藓结皮微生物组基因多样性及功能. 生物多样性, 26(7): 727-737.

李靖宇, 张肖冲, 陈韵, 等. 2020. 腾格里沙漠东南缘藻结皮与藓结皮放线菌多样性及其潜在代谢功能. 生态学报, 40(5): 1590-1601.

李磊磊, 范建容, 张茜彧, 等. 2017. 西藏自治区植被与气候变化的关系. 山地学报, 35(1): 9-15.

李琳, 赵建成, 边文. 2006. 滦河上游地区藓类植物区系的初步研究. 西北植物学报, (8): 1671-1676.

李敏, 赵建成, 王立宝. 2004. 小五台山自然保护区苔藓植物研究. 地理与地理信息科学, (2): 109-112.

李木乡. 2020. 施肥处理对草甸草原土壤真菌多样性的影响. 内蒙古大学硕士学位论文.

李宁宁, 张光辉, 王浩, 等. 2020. 黄土丘陵沟壑区生物结皮对土壤抗蚀性能的影响. 中国水土保持科学, 18(1): 42-48.

李婷婷, 蒋娅, 马文章, 等. 2018. 金平分水岭国家级自然保护区藓类植物初步研究. 贵州科学, 36(4): 7-11.

李文靖. 2021. 围栏条件下高原鼠兔数量与干扰空地的关系. 安徽农业科学, 49(17): 96-99, 101.

李小娟, 张莉, 张紫萍, 等. 2019. 高寒草甸生物结皮发育特征及其对土壤水文过程的影响. 水土保持研究, 26(6): 139-144.

李晓娜, 龙明忠, 刘洋, 等. 2014. 贵州施秉喀斯特世界自然遗产提名地苔藓植物区系特征. 植物分类与资源学报, 36(3): 271-278.

李晓娜, 龙明忠, 张朝晖. 等. 2015b. 云南罗平转长河谷喀斯特地区苔藓植物研究. 湖北农业科学, 54(2): 336-341.

李晓娜, 张朝晖, 龙明忠. 2014. 九龙瀑布群喀斯特河谷区的苔藓植物区系及生态学特征. 贵州农业科学, 42(4): 202-206.

李晓娜, 张朝晖, 龙明忠. 2015a. 云南罗平多依河景区苔藓植物区系研究. 热带亚热带植物学报, 23(1): 89-98.

李新凯, 卜崇峰, 李宜坪, 等. 2018. 放牧干扰背景下藓结皮对毛乌素沙地土壤水分与风蚀的影响. 水土保持研究, 25(6): 22-28.

李旭谦. 2011. 青海省第二次草地资源调查通过省级专家验收. 青海草业, 20(3): 47.

李勋, 张艳, 彭彬, 等. 2022. 草甸湿地土壤种子库与土壤动物对高原鼠兔干扰的响应研究进展. 农业与技术, 42(14): 74-76.

李阳. 2016. 高格斯台罕乌拉国家级自然保护区苔藓植物区系与多样性研究. 内蒙古师范大学硕士学位论文.

李阳, 董耀祖, 李万政, 等. 2017. 统万城遗址土夯城墙苔藓植物多样性. 中国野生植物资源, 36(2): 61-65.

李宜坪. 2018. 毛乌素沙地生物结皮及其下伏土壤的养分特征与碳储量研究. 西北农林科技大学硕士学位论文.

李银春. 2020. 彰武县退化草原人工生态修复措施研究. 林业科技情报, 52(2): 50-51.

李渊博, 李胜龙, 肖波, 等. 2020. 黄土高原藓结皮覆盖土壤导水性能和水流特征. 干旱区研究, 37(2): 390-399.

李志敏. 1988. 云南昆明西山苔藓植物的分类、分布及区系的研究. 云南师范大学学报(自然科学版), (4): 67-75.

李祖凰. 2012. 四川省贡嘎山藓类植物区系地理与群落研究. 上海师范大学硕士学位论文.

辽宁省林业土壤研究所. 1977. 东北藓类植物志. 北京: 科学出版社.

林振耀, 吴祥定. 1981. 青藏高原气候区划. 地理学报, (1): 22-32.

刘冰, 姜业芳, 李菁, 等. 2010. 湖南小溪自然保护区树附生苔藓植物研究. 生命科学研究, 14(1): 34-37.

刘德坤. 2014. 西藏地区植被净初级生产力及其对气候的响应研究. 江西师范大学硕士学位论文.

刘汉武. 2008. 高原鼠兔种群时空动态的元胞自动机模拟. 中国科学院西北高原生物研究所博士学位论文.

刘佳, 阎平, 翟伟, 等. 2019. 新疆玛纳斯河中上游低山荒漠种子植物区系特征. 草业科学, 36(1): 83-92.

刘建泉, 周永祥, 周多良, 等. 2020. 甘肃安南坝野骆驼国家级自然保护区维管植物科的区系分析. 干旱区资源与环境, 34(4): 162-167.

刘良淑. 2016. 宽阔水自然保护区苔藓植物生物多样性研究. 贵州大学硕士学位论文.

刘良淑, 熊源新, 钟世梅, 等. 2015. 印江洋溪自然保护区苔藓植物区系研究. 山地农业生物学报, 34(2): 27-33.

刘敏. 2011. 秦岭鸡窝子地区藓类植物区系及生态分布格局研究. 西北大学硕士学位论文.

刘荣, 石伟, 杨志旺, 等. 2017. 桃红岭梅花鹿自然保护区苔藓植物区系. 南昌大学学报(理科版), 41(1): 83-89.

刘胜祥, 田春元, 王长力, 等. 2003. 湖北省的苔藓植物资源Ⅶ. 九宫山藓类植物区系的初步研究. // 中国植物学会七十周年年会论文摘要汇编(1933-2003). 62.

刘双喜, 彭丹, 秦伟, 等. 2001. 湖北省苔藓植物资源研究——Ⅱ武汉市苔藓植物区系. 华中师范大学学报(自然科学版), (3): 326-329.

刘晓枫, 道里刚, 周俗, 等. 2020. 基于遥感技术的川西北牧区草地退化研究. 草学, (4): 43-46, 52.

刘晓娟, 马克平. 2015. 植物功能性状研究进展. 中国科学: 生命科学, 45(4): 325-339.

刘艳. 2007. 杭州市苔藓植物区系及生态研究. 上海师范大学硕士学位论文.

刘艳, 田尚. 2017. 重庆大巴山国家级自然保护区苔藓植物区系研究. 重庆师范大学学报(自然科学版), 34(5): 99-103.

刘艳, 田尚, 皮春燕. 2015. 重庆市主城区苔藓植物区系研究. 植物科学学报, 33(2): 176-185.

刘艳, 郑越月, 敖艳艳. 2019. 不同生长基质的苔藓植物优势种生态位与种间联结. 生态学报, 39(1): 1-8.

刘莹, 牛景彦. 2011. 太行山猕猴自然保护区苔藓植物区系研究. 安徽农业科学, 39(10): 6058-6059, 6087.

刘原, 朱德祥. 1984. 西藏自治区概况. 拉萨: 西藏人民出版社.

刘正东, 熊源新, 孙中文, 等. 2013. 贵州省盘县八大山苔藓植物区系研究. 贵州科学, 31(5): 21-25, 31.

陆双飞, 殷晓洁, 韦晴雯, 等. 2020. 气候变化下西南地区植物功能型地理分布响应. 生态学报, 40(1): 310-324.

马和平, 郑维列, 石玉龙, 等. 2019. 藏东南色季拉山苔藓植物垂直分布特征初步研究. 西北农林科技大学学报(自然科学版), 47(5): 102-109.

马全林, 张锦春, 李得禄, 等. 2020. 腾格里沙漠植物区系特征分析. 草业学报, 29(3): 16-26.

马晓芳, 陈思宇, 邓婕, 等. 2016. 青藏高原植被物候监测及其对气候变化的响应. 草业学报, 25(1): 13-21.

马月鑫. 2019. 内蒙古草原化荒漠典型山地苔藓植物多样性研究. 内蒙古师范大学硕士学位论文.

买买提明·苏来曼, 艾佳罕·阿布杜热曼, 热孜玩故·艾孜则. 2013. 中国阿尔泰山苔藓植物区系分类学研究. // 中国植物学会. 生态文明建设中的植物学: 现在与未来——中国植物学会第十五届会员代表大会暨八十周年学术年会论文集.

买买提明·苏来曼, 龚佐山, 艾尼瓦尔·阿不都热衣木, 等. 2010. 新疆喀纳斯自然保护区藓类植物物种多样性与区系调查. 武汉植物学研究, 28(4): 424-430.

毛俐慧, 李垚, 刘畅, 等. 2017. 基于MaxEnt模型预测细叶小羽藓在中国的潜在分布区. 生态学杂志, 36(1): 54-60.

孟杰. 2011. 黄土高原水蚀交错区生物结皮的时空发育特征研究. 西北农林科技大学硕士学位论文.

牛书丽, 陈卫楠. 2020. 全球变化与生态系统研究现状与展望. 植物生态学报, 44(5): 449-460.

牛燕. 2009. 翠华山苔藓植物区系及真藓属植物研究. 西北大学硕士学位论文.

潘莎, 王智慧, 张朝晖, 等. 2011. 贵州省茅台镇砂页岩结皮层藓类植物的生态功能. 生态学杂志, 30(9): 1930-1934.

裴林英. 2006. 峨眉山苔藓植物区系的研究. 山东师范大学硕士学位论文.

彭丹, 刘胜祥, 田春元. 2003. 湖北省的苔藓植物资源Ⅷ. 后河国家级自然保护区藓类植物区系的初步研究. // 中国植物学会. 中国植物学会七十周年年会论文摘要汇编(1933—2003). 72-73.

彭华, 杨世雄, 孔冬瑞. 2001. 无量山山顶苔藓矮林植物区系特征研究. 云南大学学报(自然科学版), (S1): 5-10.

彭思茂. 2015. 西藏植被净初级生产力遥感估算及其对气候变化的响应. 武汉大学博士学位论文.

彭涛, 李飞, 梁盛, 等. 2018. 贵州赤水桫椤国家级自然保护区藓类植物区系分析. 分子植物育种, 16(22): 7541-7549.

彭涛, 张朝晖. 2009. 贵州香纸沟喀斯特区域苔藓植物区系研究. 贵州科学, 27(4): 56-62.

彭文俊, 王晓鸣. 2016. 生态位概念和内涵的发展及其在生态学中的定位. 应用生态学报, 27(1): 327-334.

彭晓馨. 2002. 贵州百里杜鹃林区苔藓植物名录及分布类型. 贵州大学学报(农业与生物科学版), (6): 414-419.

钱宏, 高谦. 1990. 长白山高山冻原苔藓植物区系及其与北极冻原苔藓植物区系的关系. 植物学报(英文版), (9): 716-724.

秦福雯, 康濒月, 姜风岩, 等. 2019. 生物结皮演替对高寒草原土壤微生物群落的影响. 草地学报, 27(4): 832-840.

秦鑫婷. 2020. 海南黎母山自然保护区苔藓植物区系研究. 海南大学硕士学位论文.

邱丽氚, 谢树莲. 1996. 山西省管涔山林区苔藓植物区系的研究. 植物研究, (3): 310-314.

任冬梅. 2012. 中国丛藓科植物系统分类及区系地理分布研究. 内蒙古大学博士学位论文.

任美锷. 1985. 中国自然地理纲要-修订本. 北京: 商务印书馆.

任昭杰, 李林, 钟蓓, 等. 2014. 山东昆嵛山苔藓植物多样性及区系特征. 植物科学学报, 32(4): 340-354.

萨如拉. 2014. 大兴安岭南部山地苔藓植物区系及多样性研究. 内蒙古大学博士学位论文.

沙伟, 宋晓宏. 2009. cDNA 文库技术在植物抗旱机制研究中的应用. 生物技术通报, (3): 57-60.

单飞彪. 2009. 自然和人工藓类结皮层对土壤及植物营养元素含量的影响初探. 内蒙古大学硕士学位论文.

邵小明, 余成群, 钟华平. 2019. 西藏河谷区饲草种植技术. 北京: 中国农业大学出版社.

申琳, 于晶, 李丹丹, 等. 2019. 舟山群岛苔藓植物地理成分分析——兼论苔藓植物地理成分的划分方法. 植物研究, 39(6): 826-834.

师尚礼. 2009. 草地工作技术指南. 北京: 金盾出版社.

师雪芹, 陈家伟. 2012. 天马自然保护区苔藓植物区系研究. 安徽师范大学学报(自然科学版), 35(2): 158-162.

史生晶, 高军, 王春霞, 等. 2021. 甘肃多儿国家级自然保护区维管植物区系分析. 草业学报, 30(4): 140-149.

宋丽. 2016. 黑龙江省五大连池火山地区青藓科 Brachytheciaceae 和羽藓科 Thuidiaceae 植物系统

分类及区系地理研究. 内蒙古大学硕士学位论文.

宋满珍, 刘昊, 聂宏, 等. 2015. 庐山自然保护区岩生苔藓植物资源及开发利用. 山西农业大学学报(自然科学版), 35(6): 566-570.

宋鸣芳. 2007. 太白山自然保护区苔藓植物研究. 西北大学硕士学位论文.

宋闪闪. 2015. 西藏干旱半干旱区丛藓科物种多样性及空间分布的初步研究. 中国农业大学博士学位论文.

宋晓彤, 邵小明, 孙宇, 等. 2018. 北京东灵山苔藓植物区系研究. 植物科学学报, 36(4): 554-561.

宋璇紫, 米玛旺堆. 2022. 西藏中南部高原鼠兔栖息地选择的潜在影响因素. 湖南生态科学学报, 9(2): 43-50.

苏金金, 何林, 韦美静, 等. 2013. 贵州万佛山省级森林公园岩生苔藓植物区系分析. 湖北农业科学, 52(12): 2788-2791.

苏力德. 2015. 内蒙古草原区过去50年气候变化特征及其对草地生长的影响. 内蒙古大学硕士学位论文.

孙凤环, 梅淑敏, 胡泉宗. 2015. 青藏高原生态地质环境调查与探究. 中国西部科技, 14(8): 92-96.

孙福海, 肖波, 姚小萌, 等. 2020. 黄土高原生物结皮斥水性及其沿降水梯度变化特征研究. 农业机械学报, 51(7): 304-312.

孙立彦, 赵遵田, 刘振亮. 2000. 沂山苔藓植物的区系研究. 山东科学, (2): 30-34, 40.

孙世峰, 蔡奇英, 蔡美婷, 等. 2021. 江西水浆自然保护区苔藓植物区系研究. 西北植物学报, 41(4): 703-711.

孙守琴. 2005. 苔藓对重金属的吸附特性及其在大气监测中的应用. 西南农业大学硕士学位论文.

孙永琦, 冯薇, 张宇清, 等. 2020. 毛乌素沙地生物土壤结皮对油蒿群落土壤酶活性的影响. 北京林业大学学报, 42(11): 86-94.

孙悦. 2011. 尖峰岭国家自然保护区苔藓植物物种多样性研究. 海南大学硕士学位论文.

索朗曲吉, 单曲拉姆, 格桑卓嘎, 等. 2020. 西藏草地退化现状、原因分析及建议. 西藏农业科技, 42(3): 54-56.

谈洪英. 2017. 贵州喀斯特沟谷苔藓植物物种多样性研究. 贵州大学硕士学位论文.

谈洪英, 熊源新, 曹威, 等. 2015a. 贵州省思南县四野屯自然保护区苔藓植物区系研究. 山地农业生物学报, 34(2): 34-39.

谈洪英, 熊源新, 曹威, 等. 2015b. 苔藓植物区系研究. 山地农业生物学报, 34(5): 28-32.

谈洪英, 熊源新, 曹威, 等. 2017. 锦屏县苔藓植物物种组成与区系研究. 山地农业生物学报, 36(1): 76-78.

唐伟斌, 李瑞国. 2003. 河北临城小天池森林区苔藓植物区系. 植物研究, (1): 18-23.

唐伟斌, 赵建成. 2008. 冀南云梦山苔藓植物区系与邻近区系关系的比较. 河北师范大学学报(自然科学版), (2): 249-252, 262.

滕嘉玲, 贾荣亮, 赵芸. 2017. 沙埋对干旱沙区真藓结皮层细菌群落结构和多样性的影响. 生态学报, 37(7): 2179-2187.

田春元, 刘胜祥, 雷耘. 1998. 神农架国家级自然保护区苔藓植物区系初步研究. 华中师范大学学报(自然科学版), (2): 86-89.

田春元, 吴金清, 刘胜祥, 等. 1999. 浙江古田山自然保护区苔藓植物区系特点及其与邻近山体的比较. 武汉植物学研究, (2): 146-152.

田丹宇, 周泽宇, 付琳, 等. 2017. 高原地区应对气候变化面临的形势和对策——以西藏自治区为例. 中国经贸导刊(理论版), (26): 29-31.

田桂泉. 2005. 燕山北部山地丘陵及毗邻沙地苔藓植物区系与生态学研究. 内蒙古大学博士学位论文.

田桂泉, 白学良, 徐杰, 等. 2005. 固定沙丘生物结皮层藓类植物形态结构及其适应性研究. 中国沙漠, (2): 107-113.

田桂泉, 白学良, 徐杰, 等. 2009. 固定沙丘生物结皮层藓类植物形态结构及其适应性研究. 河套大学学报, 6(2): 23-30.

田桂泉, 赵东平. 2015. 内蒙古皇甫川流域人工林地苔藓植物结皮层物种组成与微生境形成发育特征. 生态学杂志, 34(9): 2448-2456.

田敏爵, 马宇, 陈宏选. 2010. 陕西牛背梁国家级自然保护区内苔藓植物区系研究. 西北林学院学报, 25(5): 49-52, 151.

田维莉. 2011. 高山生态系统苔藓植物对全球气候变化的响应研究. 四川师范大学硕士学位论文.

田晔林, 王文和, 李小英, 等. 2009. 北京香山苔藓植物分类及区系研究. 北京农学院学报, 24(3): 46-49, 62.

汪德军. 2015. 西藏年鉴——气候与气候变化. 拉萨: 西藏人民出版社.

汪殿蓓, 暨淑仪, 陈飞鹏. 2001. 植物群落物种多样性研究综述. 生态学杂志, (4): 55-60.

王保民. 1980. 西藏气候区划. 西藏农业科技, (3): 21-34.

王诚吉, 李登武, 党坤良. 2005. 陕西天华山自然保护区苔藓植物区系研究. 西北植物学报, (12): 2472-2477.

王纯礼. 2016. 新疆草地退化的表现形式、影响因素及对策研究. 黑龙江畜牧兽医, (3): 147-149.

王登富, 张朝晖. 2015. 苔藓植物对废弃卡林型金矿区重金属污染的监测评价. 黄金, 36(4): 83-87

王多斌. 2019. 高寒草甸植物群落和土壤有机碳对气候变化和放牧的响应. 兰州大学博士学位论文.

王国鹏, 肖波, 李胜龙, 等. 2021. 黄土高原藓结皮覆盖土壤的穿透阻力特征及其影响因素. 土壤, 53(1): 173-182.

王慧慧, 张朝晖. 2018. 银叶真藓(*Bryum argenteum*)监测黔滇高速公路重金属污染的研究. 环境监测管理与技术, 30(6): 25-29.

王建男. 2015. 蒙古高原对齿藓属北地组的分类学研究. 呼和浩特: 内蒙古大学硕士学位论文.

王剑. 2008. 江苏省苏州和宜兴地区苔藓植物区系及生态研究. 上海师范大学硕士学位论文.

王静. 2018. 不同牧草品种及轮作方式改良盐碱地效果与机理研究. 宁夏大学博士学位论文.

王娟. 2013. 西藏工布自然保护区地质背景与植物多样性关系研究. 成都理工大学博士学位论文.

王利松, 贾渝, 张宪春, 等. 2018. 中国生物物种名录. 第一卷. 北京: 科学出版社.

王美会, 孙中文, 任慧婧, 等. 2014. 贵州梵净山旅游线路苔藓植物地理成分分析. 山地农业生物学报, 33(3): 73-77.

王美会, 熊源新. 2012. 黔西南地区苔藓植物区系研究. 山地农业生物学报, 31(5): 428-431.

王美会, 熊源新, 贾鹏, 等. 2010. 贵州安龙仙鹤坪自然保护区苔藓植物区系研究. 山地农业生物学报, 29(4): 283-286, 299.

王琪, 卓步胜, 李丹丹, 等. 2020. 广东南澳岛苔藓植物物种组成及区系成分分析. 上海师范大学学报(自然科学版), 49(6): 622-629.

王琦. 2019. 浙江舟山六横及周边岛屿苔藓植物多样性及地理区系研究. 上海师范大学硕士学位论文.

王琴. 2021. "问题地图"危害与防控. 测绘, 44(2): 91-93.

王闪闪. 2017. 黄土丘陵区干扰对生物结皮土壤氮素循环的影响. 西北农林科技大学硕士学位论文.

王世冬, 白学良, 雍世鹏. 2001. 沙坡头地区苔藓植物区系初步研究. 中国沙漠, (3): 30-35.

王挺杨, 官飞荣, 周明, 等. 2015. 内蒙古额尔古纳国家自然保护区苔藓植物区系研究. 杭州师范大学学报(自然科学版), 14(2): 183-190.

王文和, 于同泉, 徐红梅, 等. 2006. 鹫峰国家森林公园苔藓植物研究. 北京农学院学报, (2): 5-8.

王先道. 2005. 贺兰山苔藓植物分类及区系研究. 内蒙古大学硕士学位论文.

王显蓉. 2014. 培养基对耐旱藓结皮生长发育的影响. 西北农林科技大学硕士学位论文.

王向川, 徐玉霖, 郭萍, 等. 2012. 子午岭自然保护区藓类植物区系与邻近区系关系的比较. 延安大学学报(自然科学版), 31(1): 102-108.

王小琴, 刘胜祥, 项俊, 等. 2010. 湖北星斗山自然保护区藓类植物区系研究. 武汉工程大学学报, 32(5): 49-52.

王小琴, 项俊, 王巧燕, 等. 2004. 黄冈龙王山藓类植物区系初步研究. 黄冈师范学院学报, (3): 65-69.

王瑶. 2004. 内蒙古七老图山苔藓植物分类及区系研究. 内蒙古大学硕士学位论文.

王渝淞. 2019. 坝上地区生物结皮防治风蚀扬尘的试验研究. 北京林业大学硕士学位论文.

王宇. 2017. 五大连池火山地区苔纲和角苔纲植物系统分类及区系地理研究. 内蒙古大学硕士学位论文.

王圆圆, 扎西央宗. 2016. 利用条件植被指数评价西藏植被对气象干旱的响应. 应用气象学报, 27(4): 435-444.

王月. 2021. 中国地区土生对齿藓的分类学修订及潜在地理分布研究. 东北师范大学硕士学位论文.

王振军. 2012. 黑茶山自然保护区苔藓植物资源初步研究. 山西林业科技, 41(1): 21-23.

王志瑞, 杨山, 马锐骜, 等. 2019. 内蒙古草甸草原土壤理化性质和微生物学特性对刈割与氮添加的响应. 应用生态学报, 30(9): 3010-3018.

韦伟. 2019. 浙江舟山群岛北部岱山及周边诸岛苔藓植物区系及地理分布研究. 上海师范大学硕士学位论文.

魏学红, 杨富裕, 孙磊. 2006. 高原鼠兔对西藏高寒草地的危害及防治. 四川草原, (5): 41-42, 45.

魏振声, 谭岳岩. 1983. 西藏地层概况. 青藏高原地质文集, (5): 1-38.

文志, 郑华, 欧阳志云. 2020. 生物多样性与生态系统服务关系研究进展. 应用生态学报, 31(1): 340-348.

邬光剑, 姚檀栋, 王伟财, 等. 2019. 青藏高原及周边地区的冰川灾害. 中国科学院院刊, 34(11): 1285-1292.

吴德邻, 张力. 2013. 广东苔藓志. 广州: 广东科技出版社.

吴明开, 张小平, 曹同. 2010. 黄山藓类植物区系. 武汉植物学研究, 28(3): 365-375.

吴楠, 尹本丰, 张静, 等. 2020. 不同积雪覆盖期荒漠齿肋赤藓结皮层丛枝菌根真菌多样性变化. 微生物学通报, 47(11): 3843-3855.

吴鹏程. 1998a. 中国科学院植物研究所苔藓标本室的足迹. 植物杂志, (4): 14-15.

吴鹏程. 1998b. 苔藓植物生物学. 北京: 科学出版社.

吴尚伟, 李静, 晋转, 等. 2014. 苔藓结皮层对吕梁市干旱区土壤的改良作用探索. 赤峰学院学报(自然科学版), 30(21): 84-85.

吴婷婷, 范思铭, 边涛, 等. 2022. 苔藓植物在大气污染监测中的最新应用进展. 首都师范大学学报(自然科学版), 43(5): 77-86.

吴宛萍, 马红彬, 陆琪, 等. 2020. 补播对宁夏荒漠草原植物群落及土壤理化性状的影响. 草业科学, 37(10): 1959-1969.

吴文英. 2012. 福建戴云山国家级自然保护区藓类植物区系研究. 华东师范大学硕士学位论文.

吴小丽, 刘桂民, 李新星, 等. 2021. 青藏高原多年冻土和季节性冻土区土壤水分变化及其与降水的关系. 水文, 41(1): 73-78, 101.

吴晓燕, 平措. 2021. 西藏高原草地生态系统及其生态修复研究. 环境保护科学, 47(1): 109-114.

吴雅华, 王伟耀, 张增可, 等. 2021. 基于 Cite Space 分析植物功能性状对气候变化的响应研究进展. 应用与环境生物学报, 28(1): 254-266.

吴洋洋. 2013. 天童国家森林公园主要森林植被 30 年动态变化及原因分析. 华东师范大学硕士学位论文.

吴宜进, 赵行双, 奚悦, 等. 2019. 基于 MODIS 的 2006-2016 年西藏生态质量综合评价及其时空变化. 地理学报, 74(7): 1438-1449.

吴玉环, 程佳强, 冯虎元, 等. 2004. 耐旱藓类的抗旱生理及其机理研究. 中国沙漠, 24(1): 23-29.

吴玉环, 黄国宏, 高谦, 等. 2001. 苔藓植物对环境变化的响应及适应性研究进展. 应用生态学报, 12(6): 943-946.

吴征镒. 1983. 西藏植物志. 北京: 科学出版社.

吴征镒, 孙航, 周浙昆, 等. 2011. 中国种子植物区系地理. 北京: 科学出版社.

吴征镒, 周浙昆, 李德铢, 等. 2003. 世界种子植物科的分布区类型系统. 云南植物研究, (3): 245-257.

武爽, 冯险峰, 孔玲玲, 等. 2021. 气候变化及人为干扰对西藏地区草地退化的影响研究. 地理研究, 40(5): 1265-1279.

西藏自治区土地管理局, 西藏自治区畜牧局. 1994. 西藏自治区草地资源. 北京: 科学出版社.

夏尤普·玉苏甫, 买买提明·苏来曼, 维尼拉·伊利哈尔, 等. 2018. 基于 MaxEnt 生态位模型预测对齿藓属(*Didymodon*)植物在新疆的潜在地理分布. 植物科学学报, 36(4): 541-553.

夏尤普·玉苏甫, 买买提明·苏来曼, 赵东平. 2017. 藓类植物中国新记录种——无疣对齿藓. 西北植物学报, 37(5): 1038-1041.

项君, 陈卓, 杨素英, 等. 2001. 贵州韭菜坪苔藓植物区系研究. 贵州师范大学学报(自然科学版), (4): 22-24.

肖麒, 章梦婷, 吴翼, 等. 2020. 基于生态位模型的外来入侵种克氏原螯虾在中国的适生区预测. 应用生态学报, 31(1): 309-318.

谢斐, 杨再超, 左经会, 等. 2015. 贵州山地森林公园地面生苔藓植物多样性. 北方园艺, (9): 71-75.

谢艳. 2016. 五大连池丛藓科(Pottiaceae)植物系统分类及区系地理分布研究. 内蒙古大学硕士学位论文.

邢丁亮, 郝占庆. 2011. 最大熵原理及其在生态学研究中的应用. 生物多样性, 19(3): 295-302.

熊源新. 2014. 贵州苔藓植物志. 第一卷. 第二卷. 贵阳: 贵州科技出版社.

熊源新, 闫晓丽. 2008. 贵州红水河谷地区苔藓植物区系研究. 广西植物, (1): 37-46.

徐国良, 曾晓辉. 2021. 九连山自然保护区苔藓植物区系研究. 热带作物学报, 42(7): 2094-2101.

徐恒康, 刘晓丽, 史雅楠, 等. 2018. 生物结皮对高寒退化草地植物群落的影响. 草地学报, 26(3): 539-544.

徐洪峰, 王强. 2014. 杭州西湖风景名胜区苔藓植物多样性及其特点研究. 安徽农业科学, 42(22): 7495-7501, 7510.

徐君, 李贵芳, 王育红. 2016. 生态脆弱性国内外研究综述与展望. 华东经济管理, 30(4): 149-162.

徐力, 熊源新, 王美会, 等. 2010. 云南富宁县木洪大山苔藓植物区系研究. 山地农业生物学报, 29(6): 475-481.

徐锰瑶, 李雪华, 刘思洋, 等. 2020. 围封和水氮添加对重度退化草地植物多样性的影响. 生态环境学报, 29(9): 1730-1737.

徐瑶, 何政伟, 陈涛. 2011. 西藏班戈县草地退化动态变化及其驱动力分析. 草地学报, 19(3): 377-380.

许红梅, 李进, 张元明. 2017. 水分条件对人工培养齿肋赤藓光化学效率及生理特性的影响. 植物生态学报, 41(8): 882-893.

宣晶. 2016. 西藏野花. 生命世界, (8): 94-95.

闫德仁, 黄海广, 曲娜. 2019a. 沙漠苔藓结皮层土壤风化淋溶特征探讨. 内蒙古林业科技, 45(4): 1-4, 28.

闫德仁, 张胜男, 吴振廷. 2019b. 苔藓生物结皮层腐殖质组成变化特征研究. 干旱区地理, 42(6): 1354-1358.

闫力畅, 臧程, 于晶. 2017. 马鞍列岛之花鸟山岛苔藓植物区系成分研究. 上海师范大学学报(自然科学版), 46(5): 675-683.

闫晓红, 伊风艳, 邢旗, 等. 2020. 我国退化草地修复技术研究进展. 安徽农业科学, 48(7): 30-34.

严俊, 旦久罗布, 张海鹏, 等. 2019. 西藏那曲高原鼠兔密度与高寒草甸植被类型相关性的研究. 湖北畜牧兽医, 40(5): 7-9.

严雄梁. 2009. 阳际峰自然保护区苔藓植物分类及区系研究. 浙江林学院硕士学位论文.

阎志坚. 2001. 中国北方半干旱区退化草地改良技术的研究. 内蒙古农业大学硕士学位论文.

燕楠. 2018. 内蒙古乌拉山国家森林公园苔藓植物多样性研究. 内蒙古师范大学硕士学位论文.

阳昌霞, 阿的伍各, 张春. 2020. 藏北地区2005-2015年间植被覆盖变化及其对气候变化的响应. 宜宾学院学报, 20(12): 100-108.

杨冰, 安祥, 雷红梅, 等. 2018. 佛顶山与梵净山、雷公山苔藓植物比较研究. 贵州林业科技, 46(1): 1-7.

杨冰, 熊源新, 韩敏敏, 等. 2013. 贵州省独山都柳江源湿地自然保护区苔藓植物区系研究. 贵州林业科技, 41(1): 5-11, 21.

杨光. 2017. 干旱环境下苔藓加固土遗址片状剥离试验研究. 兰州大学硕士学位论文.

杨洪升, 王悦, 历秋玉, 等. 2017. 凉水自然保护区苔藓植物资源调查. 安徽农业科学, 45(14): 8-9.

杨丽琼. 2004. 云南屏边大围山自然保护区藓类植物区系研究. 华东师范大学硕士学位论文.

杨琳, 沈萍. 2019. 昆山森林公园苔藓植物多样性调查分析. 黑龙江农业科学, (1): 99-102.

杨宁. 2007. 麻阳河黑叶猴自然保护区苔藓植物区系研究. 贵州大学硕士学位论文.

杨勤业, 郑度. 2002. 中国西藏基本情况丛书——西藏地理(自然卷). 北京: 五洲传播出版社.

杨雪伟, 赵允格, 许明祥. 2016. 黄土丘陵区藓结皮优势种形态结构差异. 生态学杂志, 35(2): 370-377.

杨艳妮. 2019. 内蒙古苏木山森林公园苔藓植物多样性研究. 内蒙古师范大学硕士学位论文.

杨永胜, 冯伟, 袁方, 等. 2015. 快速培育黄土高原苔藓结皮的关键影响因子. 水土保持学报, 29(4): 289-299.

姚春竹. 2014. 黄土丘陵区生物结皮固定氮素去向研究. 西北农林科技大学硕士学位论文.

姚治君. 2001. 西藏水资源的合理开发与保护. 科学新闻, (34): 3.

叶永忠, 袁志良, 李孝伟, 等. 2003. 河南省大别山区苔藓植物区系的初步研究. // 中国植物学会七十周年年会论文摘要汇编(1933-2003). 119.

叶永忠, 袁志良, 尤扬, 等. 2004. 小秦岭自然保护区苔藓植物区系分析. 西北植物学报, (8): 1472-1475.

衣艳君, 王文和, 张爱民. 1997. 大青沟自然保护区苔藓植物的研究. 曲阜师范大学学报(自然科学版), (3): 77-82.

应俊生. 2001. 中国种子植物物种多样性及其分布格局. 生物多样性, 9(4): 393-398.

于惠. 2013. 青藏高原草地变化及其对气候的响应. 兰州大学博士学位论文.

于晶, 曹同, 郭水良, 等. 2001. 医巫闾山自然保护区苔藓植物区系成分与地理分布特征研究. 植物研究, (1): 38-41.

余成群, 郭万军. 2003. 西藏高寒草地主要类型生态环境现状及恢复对策. 西藏科技, (2): 34-35, 38.

余夏君. 2019. 湖北七姊妹山国家级自然保护区苔藓植物区系及多样性研究. 湖北民族大学硕士学位论文.

翟德逞. 2004. 云南大围山苔类植物区系及其常绿阔叶内苔藓植物生态分布的研究. 华东师范大学硕士学位论文.

张超. 2009. 西藏灌木林评价与遥感分类技术研究. 中国林业科学研究院博士学位论文.

张二芳. 2007. 山西庞泉沟自然保护区苔藓植物区系研究. 河北师范大学硕士学位论文.

张家树, 赵建成, 李琳. 2003. 河北省北部苔藓植物区系与地理分布研究. 植物研究, (3): 363-374.

张朋, 卜崇峰, 杨永胜, 等. 2015. 基于 CCA 的坡面尺度生物结皮空间分布. 生态学报, 35(16): 5412-5420.

张清雨, 吴绍洪, 赵东升, 等. 2013. 30 年来内蒙古草地退化时空变化研究. Agricultural Science & Technology, 14(4): 676-683.

张骞, 马丽, 张中华, 等. 2019. 青藏高寒区退化草地生态恢复: 退化现状、恢复措施、效应与展望. 生态学报, 39(20): 7441-7451.

张强强, 景亚平, 杨雪, 等. 2014. 新疆兵团九师退化天然草地补播改良效果分析. 草原与草坪, 34(4): 88-92.

张桐瑞. 2016. 蒙古高原对齿藓属对齿藓组的分类学研究. 呼和浩特: 内蒙古大学硕士学位论文.

张卫红, 苗彦军, 赵玉红, 等. 2018. 高原鼠兔对西藏邦杰塘高寒草甸的影响. 草业学报, 27(1): 115-122.

张宪洲, 杨永平, 朴世龙, 等. 2015. 青藏高原生态变化. 科学通报, 60(32): 3048-3056.

张小康. 2016. 白云鄂博矿区苔藓植物区系研究及短叶对齿藓配子体愈伤组织诱导. 内蒙古大学硕士学位论文.

张晓平. 2014. 基于功能导向的西藏土地整治研究. 中国农业大学博士学位论文.

张新时. 1978. 西藏植被的高原地带性. 植物学报, 20(2): 140-149.

张雪, 朱瑞良. 1997. 浙江凤阳山自然保护区苔藓植物区系的研究. 广西植物, 17(3): 220-223.

张谊光, 黄朝迎. 1981. 西藏气候带的划分问题. 气象, (4): 6-8.

张玉红. 2020. 1986~2017 年祁连山区草地退化及其驱动力分析. 西北师范大学硕士学位论文.

张元明. 2002. 新疆三工河流域苔藓植物区系及生态学研究. 中国科学院研究生院(沈阳应用生态研究所)博士学位论文.

张元明, 陈晋, 王雪芹, 等. 2005. 古尔班通古特沙漠生物土壤结皮的分布特征. 地理学报, 60(1): 53-60.

张振超. 2020. 青藏高原典型高寒草地地上-地下的退化过程和禁牧恢复效果研究. 北京林业大学博士学位论文.

张子辉. 2020. 基于线源入流入渗法的生物结皮土壤水分入渗特征模拟. 西北农林科技大学硕士学位论文.

章浩天, 黄涛胜, 王致远, 等. 2019. 兰州地区黄土边坡苔藓发育规律及护坡机理. 甘肃水利水电技术, 55(9): 11-15.

赵传海. 2006. 马岭河峡谷苔藓植物区系、生态及其生物钙华沉积研究. 贵州师范大学硕士学位论文.

赵东平. 2008. 内蒙古丛藓科植物系统分类及区系研究. 呼和浩特: 内蒙古大学博士学位论文.

赵河聚, 成龙, 贾晓红, 等. 2020. 高寒沙区生物土壤结皮覆盖土壤碳释放动态. 生态学报, 40(18): 6396-6404.

赵虹, 熊源新. 2016. 贵州省大方县老鹰岩地区苔藓植物研究. 山地农业生物学报, 35(5): 37-42.

赵建成. 1993. 新疆博格达山苔藓植物的研究. 新疆大学学报(自然科学版), (1): 73-92.

赵建成, 范庆书, 李孟军. 1997. 河北涞源山区苔藓植物的调查初报. 河北师范大学学报, (2): 84-89.

赵如. 2014. 气候变化背景下长苞冷杉(Abies georgei)种群数量动态研究. 昆明理工大学硕士学位论文.

赵小丹. 2015. 短叶对齿藓组织培养及其复合群的分类学研究. 呼和浩特: 内蒙古大学硕士学位论文.

赵小艳, 田桂泉, 王铁娟. 2011. 沙地与黄土丘陵区生物结皮层五种藓类的植物荧光日变化比较研究. 内蒙古师范大学学报(自然科学汉文版), 40(1): 77-81, 86.

赵燕. 2009. 赛罕乌拉自然保护区苔藓植物区系研究. 内蒙古大学硕士学位论文.

赵芸, 贾荣亮, 滕嘉玲, 等. 2017. 腾格里沙漠人工固沙植被演替生物土壤结皮盖度对沙埋的响应. 生态学报, 37(18): 6138-6148.

赵允格, 徐冯楠, 许明祥. 2008. 黄土丘陵区藓结皮生物量测定方法及其随发育年限的变化. 西北植物学报, 28(6): 1228-1232.

赵遵田, 曹同. 1998. 山东苔藓植物志. 济南: 山东科学技术出版社.

赵遵田, 张恩然, 黄玉茜. 2003. 山东泰山苔藓植物区系研究. 山东科学, (3): 18-23.

郑维发. 1993. 安徽歙县清凉峰自然保护区苔藓植物区系研究. 徐州师范学院学报(自然科学版), (1): 39-43.

中国科学院昆明植物研究所. 2002. 云南植物志. 第十八卷 (苔藓植物: 藓纲). 北京: 科学出版社.

中国科学院青藏高原综合科学考察队. 1983. 西藏地貌. 北京: 科学出版社.

中国科学院青藏高原综合科学考察队. 1984. 西藏气候. 北京: 科学出版社.

中国科学院青藏高原综合科学考察队. 1985. 西藏苔藓植物志. 北京: 科学出版社

中国科学院青藏高原综合科学考察队. 1988. 西藏自然地理. 北京: 科学出版社.

中国科学院西北植物研究所. 1978. 秦岭植物志. 第三卷, 苔藓植物门. 第一册. 北京: 科学出版社.

钟世梅, 熊源新, 刘良淑, 等. 2015. 贵州斗篷山藓类植物资源调查与区系分析. 贵州农业科学, 43(6): 223-229.

周虹, 吴波, 高莹, 等. 2020. 毛乌素沙地臭柏(*Sabina vulgaris*)群落生物土壤结皮细菌群落组成及其影响因素. 中国沙漠, 40(5): 130-141.

周华坤, 姚步青, 于龙, 等. 2016. 三江源区高寒草地退化演替与生态恢复. 北京: 科学出版社: 558-562.

周琼. 2020. 三江源区山坡退化草地生态恢复技术应用效果及区域适应性评价. 兰州大学硕士学位论文.

周书芹. 2015. 贵州苗岭南坡苔藓植物物种多样性研究. 贵州大学硕士学位论文.

周晓兵, 张丙昌, 张元明. 2021. 生物土壤结皮固沙理论与实践. 中国沙漠, 41(1): 164-173.

周亚东, 董洪进, 严雪, 等. 2020. 西藏地区水生植物多样性及其空间格局初探. 环境生态学, 2(11): 7-12.

周艳. 2007. 雷公山自然保护区苔藓植物区系研究. 贵州大学硕士学位论文.

周银. 2018. 西藏土壤有机碳数字制图与环境影响因子多尺度研究. 浙江大学博士学位论文.

朱耿平, 原雪姣, 范靖宇, 等. 2018. MaxEnt 模型参数设置对其所模拟物种地理分布和生态位的影响——以茶翅蝽为例. 生物安全学报, 27(2): 118-123.

朱宁, 王浩, 宁晓刚, 等. 2021. 草地退化遥感监测研究进展. 测绘科学, 46(5): 66-76.

邹宓君, 邵长坤, 阳坤. 2020. 1979-2018 年西藏自治区气候与冰川冻土变化及其对可再生能源的潜在影响. 大气科学学报, 43(6): 980-991.

左勤, 刘倩, 王幼芳. 2010. 广西猫儿山自然保护区藓类植物区系研究. 广西植物, 30(6): 850-858, 795.

Acevedo M A, Beaudrot L, Melendez-Ackerman E J, et al. 2020. Local extinction risk under climate change in a neotropical asymmetrically dispersed epiphyte. Journal of Ecology, 108(4): 1553-1564.

Ahlborn J, von Wehrden H, Lang B, et al. 2020. Climate-grazing interactions in Mongolian rangelands: effects of grazing change along a large-scale environmental gradient. Journal of Arid Environments, 173: 104043.

Albert Á-J, Mudrák O, Jongepierová I, et al. 2019. Data on different seed harvesting methods used in grassland restoration on ex-arable land. Data in Brief, 25: 104011.

Aleffi M, Tacchi R, Poponessi S. 2020. New Checklist of the Bryophytes of Italy. Cryptogamie Bryologie, 41(13): 147-195.

Allajbeu S, Qarri F, Marku E, et al. 2017. Contamination scale of atmospheric deposition for assessing air quality in albania evaluated from most toxic heavy metal and moss biomonitoring. Air Quality, Atmosphere & Health, 10: 587-599.

Allouche O, Tsoar A, Kadmon R. 2006. Assessing the accuracy of species distribution models: prevalence, kappa and the true skill statistic (TSS). Journal of Applied Ecology, 43: 1223-1232.

Al-Namazi A. 2019. Effects of plant-plant interactions and herbivory on the plant community structure in an arid environment of Saudi Arabia. Saudi Journal of Biological Sciences, 26(7):

1513-1518.

An Z S. 2000. The history and variability of the East Asian paleomonsoon climate. Quaternary Science Reviews, 19: 171-187.

Anderson L E, Crum H A, Buck W R. 1990. List of the mosses of North America north of Mexico. The Bryologist, 93: 448-499.

Anibaba Q A, Dyderski M K, Jagodziński A M. 2022. Predicted range shifts of invasive giant hogweed (*Heracleum mantegazzianum*) in Europe. Science of the Total Environment, 825: 154053.

Baldwin A R. 2009. Use of maximum entropy modeling in wildlife research. Entropy, 11(4): 854-866.

Bao T L, Zhao Y G, Gao L Q, et al. 2019. Moss-dominated biocrusts improve the structural diversity of underlying soil microbial communities by increasing soil stability and fertility in the Loess Plateau region of China. European Journal of Soil Biology, 95: 103120.

Bargagli R. 2016. Moss and lichen biomonitoring of atmospheric mercury: a review. Science of the Total Environment, 572: 216-231.

Barkan V S, Lyanguzova I V. 2018. Concentration of heavy metals in dominant moss species as an indicator of aerial technogenic load. Russian Journal of Ecology, 49(2): 128-134.

Bartoš M, Janeček Š, Klimešová J. 2011. Effect of mowing and fertilization on biomass and carbohydrate reserves of *Molinia caerulea* at two organizational levels. Acta Oecologica, 37(4): 299-306.

Bednarek-Ochyra H. 2004. Moss flora of China, English Version, Volume 3. Grimmiaceae—Tetraphidaceae. The Bryologist, 107(1): 136-138.

Begon M, Townsend C R, Harper J L. 2006. Ecology: from Individuals to Ecosystem. Malden: Blackwell Publishing.

Bell B G. 1984. A synoptic flora of South Georgian mosses: *Grimmia* and *Schistidium*. British Antarctic Survey Bulletin, 63: 71-109.

Belnap J. 2006. The potential roles of biological soil crusts in dryland hydrologic cycles. Hydrological Processes, 20(15): 3159-3178.

Bengtsson M, Raza-Ullah T, Vanyushyn V. 2016. The coopetition paradox and tension: the moderating role of coopetition capability. Industrial Marketing Management, 53: 19-30.

Bense V F, Ferguson G, Kooi H. 2009. Evolution of shallow groundwater flow systems in areas of degrading permafrost. Geophysical Research Letters, 36: L22401.

Bergamini A, Pauli D, Peintinger M, et al. 2001. Relationships between productivity, number of shoots and number of species in bryophytes and vascular plants. Journal of Ecology, 89: 920-929.

Blanár D, Guttová A, Mihál I, et al. 2019. Effect of magnesite dust pollution on biodiversity and species composition of oak-hornbeam woodlands in the Western Carpathians. Biologia, 74(12): 1591-1611.

Blanco-Sacristán J, Panigada C, Tagliabue G, et al. 2019. Spectral diversity successfully estimates the α-diversity of biocrust-forming lichens. Remote Sensing, 11: 2942.

Blockeel T L, Bell N E, Hill M O, et al. 2021. A new checklist of the bryophytes of Britain and Ireland. Journal of Bryology, 43(1): 1-51.

Blockeel T L, Kučera J, Fedosov V E. 2017. *Bryoerythrophyllum duellii* Blockeel (Bryophyta: Pottiaceae), a new moss species from Greece and Cyprus, and its molecular affinities. Journal of Bryology, 39(3): 247-254.

Blockeel T L. 2020. Bryophytes from four mountains in northern Greece, including *Mannia gracilis* and eight other species new to Greece, and a note on an extreme form of *Pohlia elongata* var.

greenii. Journal of Bryology, 42(3): 258-267.

Bourgeois B, Rochefort L, Bérubé V, et al. 2018. Response of plant diversity to moss, Carex or Scirpus revegetation strategies of wet depressions in restored fens. Aquatic Botany, 151: 19-24.

Brinda J C, Jáuregui-Lazo J A, Oliver M J, et al. 2021. Notes on the genus *Syntrichia* with a revised infrageneric classification and the recognition of a new genus *Syntrichiadelphus* (Bryophyta, Pottiaceae). Phytologia, 103(4): 90-103.

Brotherus V F. 1923. Die Laubmoose Fennoskandias. Akademische Buchhandlung, Helsingfors.

Brown J L. 2014. SDMtoolbox: a python-based GIS toolkit for landscape genetic, biogeographic and species distribution model analyses. Methods in Ecology and Evolution, 5(7): 694-700.

Bruun H H, Moen J, Virtanen R, et al. 2006. Effects of altitude and topography on species richness of vascular plants, bryophytes and lichens in alpine communities. Journal of Vegetation Science, 17: 37-46.

Buch H. 1945. Über die Wasser- und Mineralstoffversorgung der Moose, Part 1. Commentationes Biologicae Societas Scientiarum Fennicae, 9: 1-44.

Buch H. 1947. Über die Wasser- und Mineralstoffversorgung der Moose, Part 2. Commentationes Biologicae Societas Scientiarum Fennicae, 9: 1-61.

Burghardt M. 2020. A first insight into the Bryophyte flora of the Mashpi Ecological Reserve, Pichincha, Ecuador – Notes on the Bryophytes of Ecuador V. Nova Hedwigia, 111(1): 59-76.

Caners RT. 2020. Bryophytes at the Western Limits of Canada's Great Lakes Forest: Floristic Patterns and Conservation Implications. Northeastern Naturalist, 27(m17): 1-37.

Cano M J, Gallego M T. 2008. The genus *Tortula* (Pottiaceae, Bryophyta) in South America. Botanical Journal of the Linnean Society, 156: 173-220.

Cano M J, Guerra J, Ros R M. 1993. A revision of the moss genus *Crossidium* (Pottiaceae) with the description of the new genus *Microcrossidium*. Plant Systematics and Evolution, 188: 213-235.

Cao T, Vitt D H. 1986. A taxonomic revision and phylogenetic analysis of *Grimmia* and *Schistidium* (Bryopsida; Grimmiaceae) in China. Journal of the Hattori Botanical Laboratory, 61: 123-247.

Cao Y N, Wu J S, Zhang X Z, et al. 2019. Dynamic forage-livestock balance analysis in alpine grasslands on the northern Tibetan Plateau. Journal of Environmental Management, 238: 352-359.

Čapková K, Hauer T, Řeháková K, et al. 2016. Some like it high! Phylogenetic diversity of high-elevation cyanobacterial community from biological soil crusts of western Himalaya. Microbial Ecology, 71(1): 113-123.

Casares-Gil A. 1932. Flora Ibérica. Briófitas. Musgos. Madrid: Museo Nacional de Ciencias Naturales.

Chai Q, Ma Z, Chang X, et al. 2019. Optimizing management to conserve plant diversity and soil carbon stock of semi-arid grasslands on the Loess Plateau. CATENA, 172: 781-788.

Che R X, Deng Y C, Wang F, et al. 2018. Autotrophic and symbiotic diazotrophs dominate nitrogen-fixing communities in Tibetan grassland soils. Science of the Total Environment, 639: 997-1006.

Chen H, Zhu Q A, Peng C H, et al. 2013. The impacts of climate change and human activities on biogeochemical cycles on the Qinghai-Tibetan Plateau. Global Change Biology, 19(10): 2940-2955.

Chen P C. 1941. Studien über die ostasiatischen Arten der Pottiaceae II. Hedwigia, 80: 141-322.

Coe K K, Howard N B, Slate M L, et al. 2019. Morphological and physiological traits in relation to carbon balance in a diverse clade of dryland mosses. Plant Cell and Environment, 42(11): 3140-3151.

Csintalan Z S, Proctor M C F, Tuba Z. 1999. Chlorophyll fluorescence during drying and rehydration in the mosses *Rhytidiadelphus loreus* (Hedw.) Warnst., *Anomodon viticulosus* (Hedw.) Hook. & Tayl. and *Grimmia pulvinata* (Hedw.) Sm. Annals of Botany, 84: 235-244.

Czernyadjeva I V, Afonina O M, Kholod S S. 2020. Mosses of the Franz Josef Land Archipelago (Russian Arctic). Arctoa, 29(1): 105-123.

de Guevara M L, Gozalo B, Raggio J, et al. 2018. Warming reduces the cover, richness and evenness of lichen-dominated biocrusts but promotes moss growth: insights from an 8yr experiment. New Phytologist, 220: 811-823.

Deguchi H. 1978. A revision of the genera *Grimmia*, *Schistidium* and *Coscinodon* (Musci) of Japan. Journal of Science of the Hiroshima University: Series B, Division 2 (Botany), 16: 121-256..

Deines L, Rosentreter R, Eldridge D J, et al. 2007. Germination and seedling establishment of two annual grasses on lichen-dominated biological soil crusts. Plant and Soil, 295: 23-35.

Delgadillo-Moya C. 2020. Two disjunct moss species new to Mexico. Cryptogamie Bryologie, 41(7): 83-87.

Denley D, Metaxas A, Fennel K. 2019. Community composition influences the population growth and ecological impact of invasive species in response to climate change. Oecologia, 189: 537-548.

Dixon H N. 1928. Mosses collected in North China, Mongolia and Thibet by Rev. Pere E. Licent. Revue Bryologique, Nouvelle Série, 1: 177-191.

Dong S K, Shang Z H, Gao J X, et al. 2020. Enhancing sustainability of grassland ecosystems through ecological restoration and grazing management in an era of climate change on Qinghai-Tibetan Plateau. Agriculture, Ecosystems & Environment, 287: 106684.

Du B M, Zhu Y H, Kang H Z, et al. 2021. Spatial variations in stomatal traits and their coordination with leaf traits in *Quercus variabilis* across Eastern Asia. Science of The Total Environment, 789: 147757.

Duan H C, Xue X, Wang T, et al. 2021. Spatial and Temporal Differences in Alpine Meadow, Alpine Steppe and All Vegetation of the Qinghai-Tibetan Plateau and Their Responses to Climate Change. Remote Sensing, 13: 669.

Duarte-Silva A G, Carvalho-Silva M, Câmara P E A S. 2013. Morphology and development of leaf papillae in the Pilotrichaceae. Acta Botanica Brasilica, 27(4): 737-742.

Dumont B, Ryschawy J, Duru M, et al. 2019. Review: associations among goods, impacts and ecosystem services provided by livestock farming. Animal, 13(8): 1773-1784.

Eldridge D J, Delgado-Baquerizo M. 2019. The influence of climatic legacies on the distribution of dryland biocrust communities. Global Change Biology, 25(1): 327-336.

Eldridge D J, Leys J F. 2003. Exploring some relationships between biological soil crusts, soil aggregation and wind erosion. Journal of Arid Environments, 53: 457-466.

Elias M, Faria R, Gompert Z, et al. 2012. Factors influencing progress toward ecological speciation. International Journal of Ecology, 2012: 235010.

Elith J, Leathwick J R. 2009. Species distribution models: ecological explanation and prediction across space and time. Annual Review of Ecology, Evolution, and Systematics, 40: 677-697.

Fahad S, Wang J L. 2020. Climate change, vulnerability, and its impacts in rural Pakistan: a review. Environmental Science and Pollution Research, 27(2): 1334-1338.

Fedosov V E, Ignatova E A, Bakalin V A, et al. 2020. Bryophytes of Dickson Area, Western Taimyr. Arctoa, 29(1): 201-215.

Fedosov V E, Ignatova E A. 2008. The Genus *Bryoerythrophyllum* (Pottiaceae, Bryophyta) in Russia. Arctoa: Journal of Bryology, 17: 19-38.

Feng C, Bai X L, Kou J. 2014. *Grimmia grevenii* (Grimmiaceae), a new species from the Wudalianchi volcanoes in northeast China and its comparison with *G. maido* and *G. longirostris*. The Bryologist, 117(1): 43-49.

Feng C, Kou J, Yu C Q, et al. 2016a. *Bryoerythrophyllum zanderi* (Bryophyta, Pottiaceae), a new species from Tibet, China. Nova Hedwigia, 102(3-4): 339-345.

Feng C, Kou J, Yu C Q, et al. 2016b. *Encalypta gyangzeana* C. Feng, X.-M. Shao & J. Kou (Encalyptaceae), a new species from Tibet, China. Journal of Bryology, 38(3): 262-266.

Feng C, Muñoz J, Kou J, et al. 2013. *Grimmia ulaandamana* (Grimmiaceae), a new moss species from China. Annales Botanici Fennici, 50(4): 233-238.

Feng Y, Ramanathan V. 2010. Investigation of aerosol-cloud interactions using a chemical transport model constrained by satellite observations. Tellus B: Chemical and Physical Meteorology, 62(1): 69-86.

Fernández-Martínez M, Berloso F, Corbera J, et al. 2019. Towards a moss sclerophylly continuum: evolutionary history, water chemistry and climate control traits of hygrophytic mosses. Functional Ecology, 33: 2273-2289.

Fibich P, Rychtecká T, Lepš J. 2015. Analysis of biodiversity experiments: a comparison of traditional and linear-model-based methods. Acta Oecologica, 63: 47-55.

Ficetola G F, Colleoni E, Renaud J, et al. 2016. Morphological variation in salamanders and their potential response to climate change. Primary Research Article, 22: 2013-2024.

Fick S E, Belnap J, Duniway M C. 2020. Grazing-induced changes to biological soil crust cover mediate hillslope erosion in long-term exclosure experiment. Rangeland Ecology & Management, 73(1): 61-72.

Fick S E, Hijmans R J. 2017. WorldClim 2: new 1‐km spatial resolution climate surfaces for global land areas. International journal of climatology, 37(12): 4302-4315.

Fielding A. 1997. A review of methods for the assessment of prediction errors in conservation presence/absence models. Environmental Conservation, 24(1): 38-49.

Finegan B, Pena-Claros M, de Oliveira A, et al. 2015. Does functional trait diversity predict above-ground biomass and productivity of tropical forests? Testing three alternative hypotheses. Journal of Ecology, 103(1): 191-201.

Flora of North America Editorial Committee. 2007. Flora of North America. Volume 27. New York: Oxford University Press.

Foan L, Domercq M, Bermejo R, et al. 2015. Mosses as an integrating tool for monitoring PAH atmospheric deposition: comparison with total deposition and evaluation of bioconcentration factors. A year-long case-study. Chemosphere, 119: 452-458.

Freer J J, Tarling G A, Collins M A, et al. 2019. Predicting future distributions of lanternfish, a significant ecological resource within the Southern Ocean. Diversity and Distributions, 25(8): 1259-1272.

Freschet G T, Kichenin E, Wardle D A. 2015. Explaining within-community variation in plant biomass allocation: a balance between organ biomass and morphology above vs below ground? Journal of Vegetation Science, 26: 431-440.

Frey W, Stech M. 2009. Marchantiophyta, Bryophyta, Anthocerotophyta. // Frey W. Syllabus of plant families. Part 3. Stuttgart: Borntraeger.

Fu H, Zhong J Y, Yuan G X, et al. 2014. Functional traits composition predict macrophytes community productivity along a water depth gradient in a freshwater lake. Ecology and Evolution, 4(9): 1516-1523.

Furness S B, Grime J P. 1982. Growth rate and temperature responses in bryophytes. II. A comparative study of species of contrasted ecology. Journal of Ecology, 70: 525-536.

Gallego M T, Cano M J, Jiménez J A, et al. 2022. Circumscription and phylogenetic position of two propagulose species of *Syntrichia* (Pottiaceae, Bryophyta) reveals minor realignments within the tribe Syntricheae. Journal of Bryology, 43(3): 277-282.

Gallego M T, Cano M J, Jiménez J F, et al. 2014. Morphological and molecular data support a new combination in the Neotropical complex of cucullate-leaved species of *Syntrichia* (Pottiaceae). Systematic Botany, 39: 361-368.

Gallego M T, Cano M J, Larraín J, Guerra J. 2020. *Syntrichia lamellaris* M.T. Gallego, M.J. Cano & Larraín (Pottiaceae), a new moss species from Chilean Patagonia. Journal of Bryology, 42: 128-132.

Gallego M T, Cano M J, Ros R M, et al. 2002. An overview of *Syntrichia ruralis* complex (Pottiaceae: Musci) in the Mediterranean region and neighbouring areas. Botanical Journal of the Linnean Society, 138: 209-224.

Gallego M T, Cano M J. 2021. *Syntrichia splendida* M.T. Gallego & M.J. Cano (Pottiaceae), a new moss species from northern Chile. Journal of Bryology, 43(3): 277-282.

Gallego M T, Cano M J, Guerra J. 2009. New synonymy in *Syntrichia* (Pottiaceae) in the Neotropics. The Bryologist, 112: 173-177.

Gallego M T, Cano M J, Guerra J. 2011. New records, synonyms and one combination in the genus *Syntrichia* (Pottiaceae) from South America. The Bryologist, 114: 556-562.

Gao C, Crosby M R, He S. 1999. Moss Flora of China. Volume 1. Beijing: Science Press; New York: Missouri Botanical Garden.

Gao Y H, Zhou X, Wang Q, et al. 2013. Vegetation net primary productivity and its response to climate change during 2001–2008 in the Tibetan Plateau. Science of the Total Environment, 444: 356-362.

Gashev S, Mardonova L, Mitropolskiy M, et al. 2020. Conservation of biodiversity of the transboundary territories of Russia and Kazakhstan in western Siberia under conditions of climate change. Advances in Social Science, Education and Humanities Research, volume 392. // Proceedings of the Ecological-Socio-Economic Systems: Models of Competition and Cooperation (ESES 2019). Dordrecht: Atlantis Press: 99-103.

Gian-Reto W, Sascha B, Conradin A B. 2005. Trends in the upward shift of alpine plants. Journal of Vegetation Science, 16: 541-548.

Gilbert J A, Corbin J D. 2019. Biological soil crusts inhibit seed germination in a temperate pine barren ecosystem. PLoS One, 14(2): e0212466.

Glime J M. 2007. Physiological ecology. https://digitalcommons.mtu.edu/bryophyte-ecology1/ [2022-12-9].

Glime J M. 2011. Bryophyte Ecology. Michigan: Michigan Tech.

Glime J M. 2017. Chapter 8 - Nutrients. https://digitalcommons.mtu.edu/bryophyte-ecology1/7/ [2022-12-9].

Gobiet A, Kotlarski S, Benisto N M, et al. 2014. 21st century climate change in the European 49 Alps – a review. Science of the Total Environment, 493: 1138-1151.

Goffinet B, Engel J J, Konrat M V, et al. 2020. First bryophyte records from Diego Ramírez Archipelago: changing lenses in long-term socio-ecological research at the southernmost island of the Americas. Anales Instituto Patagonia, 48(3): 127-138.

Goffinet B, Greven H C. 2000. *Grimmia indica* (Grimmiaceae), a new combination. Journal of Bryology, 22: 141.

Goffinet B, Shaw A J. 2009. Bryophyte Biology. 2nd Ed. Cambridge: Cambridge University Press.

Gong S J, Ma T W, Li J, et al. 2010. Leaf cell damage and changes in photosynthetic pigment contents of three moss species under cadmium stress. Chinese Journal of Applied Ecology, 21(10): 2671-2676.

Gou X, Tsunekawa A, Peng F, et al. 2019. Method for classifying behavior of livestock on fenced temperate rangeland in Northern China. Sensors, 19(23): 5334.

Gouveia S F, Hortal J, Cassemiro F A S, et al. 2013. Nonstationary effects of productivity, seasonality, and historical climate changes on global amphibian diversity. Ecography, 36: 104-113.

Gregory A S, Watts C W, Griffiths B S, et al. 2009. The effect of long-term soil management on the physical and biological resilience of a range of arable and grassland soils in England. Geoderma, 153: 172-185.

Grether G F. 2005. Environmental change, phenotypic plasticity, and genetic compensation. The American Naturalist, 166(4): E115-E123.

Greven H C, Sotiaux A. 1995. *Grimmia limprichtii*, a bryophyte with a disjunct distribution in the Alps and Himalayas. The Bryologist, 98(2): 239-241.

Greven H C, Feng C. 2014. *Grimmia crassiuscula* sp. nov. (Grimmiaceae) from China, and its separation from *Grimmia tergestina* and *Grimmia* unicolor. Herzogia, 27(1): 137-140.

Greven H C. 2003. *Grimmias* of the World. Leiden: Backhuys Publishers.

Grundmann M, Ansell S W, Russell S J, et al. 2007. Genetic structure of the widespread and common Mediterranean bryophyte *Pleurochaete squarrosa* (Brid.) Lindb. (Pottiaceae)—evidence from nuclear and plastidic DNA sequence variation and allozymes. Molecular Ecology, 16(4): 709-722.

Guerra J, Cano M J, Ros R M. 2006. Flora Briofítica Ibérica, Vol. 3. Murcia: Universidad de Murcia/Sociedad Española de Briología.

Guo D, Sun J, Yang K, et al. 2019. Satellite data reveal southwestern Tibetan Plateau cooling science 2001 due to snow - albedo feedback. International Journal of Climatology, 40: 1644-1655.

Harris R B. 2010. Rangeland degradation on the Qinghai-Tibetan Plateau: a review of the evidence of its magnitude and causes. Journal of Arid Environments, 74(1): 1-12.

Harrison S. 2020. Plant community diversity will decline more than increase under climatic warming. Philosophical Transactions of the Royal Society B-Biological Sciences, 375(1794): 20190106.

Havrilla C A, Chaudhary V B, Ferrenberg S, et al. 2019. Towards a predictive framework for biocrust mediation of plant performance: a meta-analysis. Journal of Ecology, 107: 2789-2807.

He S. 1998. A checklist of the mosses of Chile. Journal Hattori Botanical Laboratory, 85(1): 103-189.

He X L, He S K, Hyvönen J. 2016. Will bryophytes survive in a warming world? Perspectives in Plant Ecology, Evolution and Systematics, 19: 49-60.

Heal O W. 1979. The Ecology of Even-aged Forest Plantations: The decomposition and nutrient release in even-aged plantations. Cambridge: Institute of Terrestrial Ecology.

Hedderson T A. 2020. Nine moss species new for South Africa with additional records for 14 rare or poorly known species. Journal of Bryology, 43(2): 115-121.

Hedwig J. 1801. Species Muscorum Frondosorum. Lipsiae: Joannis Ambrosii Barthii.

Hengl T, Mendes de Jesus J S, Macmillan R A, et al. 2014. SoilGrids 1km-global soil information based on automated mapping. PLoS One, 9: e105992.

Hijmans R J, Cameron S E, Parra J L, et al. 2005. Very high resolution interpolated climate surfaces for global land areas. International Journal of Climatology, 25: 1965-1978.

Hill M O, Bell N, Bruggeman-Nannenga M A, et al. 2006. An annotated checklist of the mosses of Europe and Macaronesia. Journal of Bryology, 28(3): 198-267.

Hofmeister J, Hošek J, Brabec M, et al. 2016. Human-sensitive bryophytes retreat into the depth of forest fragments in Central European landscape. European Journal of Forest Research, 135(3): 539-549.

Hu Y F, Han Y Q, Zhang Y Z, et al. 2017. Extraction and dynamic spatial-temporal changes of grassland deterioration research hot regions in China. Journal of resources and ecology, 8(4):

352-359.

Huang G, Li C, Li Y. 2018. Phenological responses to nitrogen and water addition are linked to plant growth patterns in a desert herbaceous community. Ecology and Evolution, 8(10): 5139-5152.

Hui R, Zhao R M, Song G, et al. 2018. Effects of enhanced ultraviolet-B radiation, water deficit, and their combination on UV-absorbing compounds and osmotic adjustment substances in two different moss species. Environmental Science and Pollution Research, 25(15): 14953-14963.

Ignatov M S, Cao T. 1994. Bryophytes of Altai Mountains. IV. The family Grimmiaceae (Musci). Arctoa, 3: 67-122.

Ignatova E A, Ivanova E I, Ignatov M S. 2020. Moss flora of Ulakhan-Chistai Range and its surroundings (Momsky district, East Yakutia). Arctoa, 29(1): 179-194.

Ignatova E A, Muñoz J. 2004. The genus *Grimmia* Hedw. (Grimmiaceae, Musci) in Russia. Arctoa, 13: 101-182.

Ilkiu-Borges A L, Takashima-Oliveira T T G, Brito E D. 2020. Bryophytes from Caviana and Mexiana Islands, Archipelago of Marajó, Brazil. Cryptogamie Bryologie, 41(20): 255-264.

Immerzeel W, Stoorvogel J, Antle J. 2008. Can payments for ecosystem services secure the water tower of Tibet? Agricultural Systems, 96: 52-63.

Ingerpuu N, Liira J, Pärtel M. 2005. Vascular plants facilitated bryophytes in a grassland experiment. Plant Ecology, 180: 69-75.

Ingimundardóttir G V, Weibull H, Cronberg N. 2014. Bryophyte colonization history of the virgin volcanic island Surtsey, Iceland. Biogeosciences, 11(16): 4415-4427.

IPCC. 2013. Working Group I Contribution to the IPCC Fifth Assessment Report (AR5), Climate Change 2013: The Physical Science Basis. Cambridge: Cambridge University Press.

IPCC. 2014. Summer for Policymakers, Climate Change 2014, Impacts, Adaptation, and Vulnerability. Cambridge: Cambridge University Press.

Jauregui-Lazo J, Brinda J C, Mishler B D. 2023. The phylogeny of *Syntrichia* Brid.: an ecologically diverse clade of mosses with an origin in South America. American Journal of Botany, 110(1): e16103.

Jia R L, Teng J L, Chen M C, et al. 2018. The differential effects of sand burial on CO_2, CH_4, and N_2O fluxes from desert biocrust-covered soils in the Tengger Desert, China. CATENA, 160: 252-260.

Jiang Y B, Wang T J, de Bie C A J M, et al. 2014. Satellite-derived vegetation indices contribute significantly to the prediction of epiphyllous liverworts. Ecological Indicators, 38: 72-80.

Jiménez J A. 2006. Taxonomic revision of the genus *Didymodon* Hedw. (Pottiaceae, Bryophyta) in Europe, North Africa and Southwest and Central Asia. Journal of the Hattori Botanical Laboratory, 100: 211-292.

Jiménez J A, Cano M J. 2006. Two new combinations in *Didymodon* (Pottiaceae) from South America. The Bryologist, 109(3): 391-397.

Jiménez J A, Cano M J. 2008. *Didymodon hegewaldiorum* (Pottiaceae), a new species from the Tropical Andes. Journal of Bryology, 30: 121-125.

Jiménez J A, Cano M J, Guerra J. 2022. A multilocus phylogeny of the moss genus *Didymodon* and allied genera (Pottiaceae): generic delimitations and their implications for systematics. Journal of Systematics and Evolution, 60(2): 281-304.

Jiménez J A, Ros R M, Cano M J, et al. 2005. A revision of *Didymodon* section *fallaces* (Musci, Pottiaceae) in Europe, North Africa, Macaronesia, and Southwest and Central Asia. Annals of the Missouri Botanical Garden, 92: 225-247.

Jimenez S, Suárez G M, Cabral R A. 2020. New records of mosses from the Dry Chaco forest of

Santiago del Estero, Argentina. Boletin de la Sociedad Argentina de Botanica, 55(4): 547-555.

Jiménez-Valverde A. 2012. Insights into the area under the receiver operating characteristic curve (AUC) as a discrimination measure in species distribution modelling. Global Ecology & Biogeography, 21: 498-507.

Jönsson P, Eklundh L. 2004. TIMESAT - a program for analyzing time-series of satellite sensor data. Computers & Geosciences, 30(80): 833-845.

Jørgensen S E. 2009. Ecosystem Ecology. Amsterdam: Elsevier.

Kang W, Kang S, Liu S, et al. 2019. Assessing the degree of land degradation and rehabilitation in the Northeast Asia dryland region using net primary productivity and water use efficiency. Land Degradation & Development, 31(7): 816-827.

Kaplan J M, Pigliucci M. 2001. Genes 'for' phenotypes: a modern history view. Biology and Philosophy, 16(2): 189-213.

Kemp D R, Behrendt K, Badgery W B. et al. 2020. Chinese degraded grasslands - pathways for sustainability. Rangeland Journal, 42(5): 339-346.

Kilroy G. 2015. A review of the biophysical impacts of climate change in three hotspot regions in Africa and Asia. Regional Environmental Change, 15(5): 771-782.

Klein C, Biernath C, Heinlein F, et al. 2017. Vegetation growth models improve surface layer flux simulations of a temperate grassland. Vadose Zone Journal, 16(13): 1-19.

Kling M M, Auer S L, Comer P J, et al. 2020. Multiple axes of ecological vulnerability to climate change. Global Change Biology, 26(5): 2798-2813.

Kou J, Feng C. 2017. *Didymodon imbricatus* sp. nov. (Pottiaceae, Musci) from Heilongjiang, China. Nordic Journal of Botany, 35(4): 494-498.

Kou J, Feng C, Bai X L, et al. 2014. Morphology and taxonomy of leaf papillae and mammillae in Pottiaceae of China. Journal of Systematics and Evolution, 52(4): 521-532.

Kou J, Feng C, Jiang Y B, et al. 2017a. *Didymodon alpinus* (Pottiaceae), a new species from Tibet, China. Journal of Bryology, 39(3): 308-312.

Kou J, Feng C, Jiang Y B, et al. 2017b. *Didymodon mesopapillosus* sp. nov. (Pottiaceae) from Tibet, China. Nordic Journal of Botany, 35(1): 107-110.

Kou J, Feng C, Shao X M. 2016c. *Didymodon epapillatus* (Pottiaceae), a new species from Tibet, China. Annales Botanici Fennici, 53(5-6): 338-341.

Kou J, Feng C, Shao X M. 2016b. *Didymodon jimenezii* (Pottiaceae), a new species from Tibet, China. The Bryologist, 119(3): 243-249.

Kou J, Feng C, Shao X M. 2018b. *Didymodon obtusus* (Bryophyta, Pottiaceae), a new species from Tibet, China. Phytotaxa, 372(1): 97-103.

Kou J, Feng C, Shao X M. 2018a. *Didymodon tibeticus* (Bryophyta, Pottiaceae), a new species from Tibet, China. Nova Hedwigia, 106(1-2): 73-80.

Kou J, Feng C, Yu C Q, et al. 2016d. *Bryoerythrophyllum pseudomarginatum* (Pottiaceae), a new species from Tibet, China. Annales Botanici Fennici, 53(1-2): 31-35.

Kou J, Feng C, Yu C Q, et al. 2016a. *Didymodon liae* (Pottiaceae), a new species from Tibet, China. Nordic Journal of Botany, 34(2): 165-168.

Kou J, Feng C, Yu C Q, et al. 2016e. *Hilpertia tibetica* J. Kou, X.-M. Shao & C. Feng (Pottiaceae), a new species from Tibet, China. Journal of Bryology, 38(1): 28-32.

Kou J, Song S S, Feng C. et al. 2015. *Tortula transcaspica* and *Stegonia latifolia* var. *pilifera* new to China. Herzogia, 28(1): 70-76.

Kou J, Wang T J, Yu F Y, et al. 2020. The moss genus *Didymodon* as an indicator of climate change on the Tibetan Plateau. Ecological Indicators, 113: 106204.

Kou J, Zander R H, Feng C. 2019. *Didymodon daqingii* (Pottiaceae, Bryophyta), a new species from Inner Mongolia, China. Annales Botanici Fennici, 56(1-3): 87-93.

Krause P, Biskop S, Helmschrot J, et al. 2010. Hydrological system analysis and modelling of the Nam Co basin in Tibet. Advances Geosciences, 27: 29-36.

Krommer V, Zechmeister H G, Roder I, et al. 2007. Monitoring atmospheric pollutants in the biosphere reserve Wienerwald by a combined approach of biomonitoring methods and technical measurements. Chemosphere, 67(10): 1956-1966.

Kropik M, Zechmeister H G, Moser D. 2021. First insights into the distribution and ecology of *Tortula schimperi* in Austria. Herzogia, 34(1): 162-172.

Kučera J, 2000. Illustrierter bestimmungsschlüssel zu den mitteleuropäischen arten der gattung *Didymodon*. Meylania, 19: 2-49.

Kučera J, Ignatov M S. 2015. Revision of phylogenetic relationships of *Didymodon* sect. *Rufiduli* (Pottiaceae, Musci). Arctoa, 24: 79-97.

Kučera J, Košnar J, Werner O. 2013. Partial generic revision of *Barbula* (Musci: Pottiaceae): Re-establishment of Hydrogonium and Streblotrichum, and the new genus *Gymnobarbula*. Taxon, 62: 21-39.

Kučera J, Blockeel T L, Erzberger P, et al. 2018. The *Didymodon tophaceus* Complex (Pottiaceae, Bryophyta) revisited: new data support the subspecific rank of currently recognized species. Cryptogamie Bryologie, 39(2): 241-257.

Lamošová T, Doležal J, Lanta V, et al. 2010. Spatial pattern affects diversity-productivity relationships in experimental meadow communities. Acta Oecologica, 36(3): 325-332.

Lanta V, Mudrák O, Liancourt P, et al. 2019. Active management promotes plant diversity in lowland forests: a landscape-scale experiment with two types of clearings. Forest Ecology and Management, 448: 94-103.

Larkin J, Sheridan H, Finn J A, et al. 2019. Semi-natural habitats and Ecological Focus Areas on cereal, beef and dairy farms in Ireland. Land Use Policy, 88: 104096.

Lenoir J, Svenning J C. 2015. Climate-related range shifts – a global multidimensional synthesis and new research directions. Ecography, 38: 15-28.

Li R X, Song G, Hui R, et al. 2017. Precipitation and topsoil attributes determine the species diversity and distribution patterns of crustal communities in desert ecosystems. Plant Soil, 420: 163-175.

Li X J, He S, Iwatsuki Z. 2001. Moss Flora of China. Volume 2. Beijing: Science Press; New York: Missouri Botanical Garden.

Li X R, Jia R L, Zhang Z S, et al. 2018. Hydrological response of biological soil crusts to global warming: a ten-year simulative study. Global Change Biology, 24(10): 4960-4971.

Liang C L. 2017. Application of fuzzy analytical hierarchy process on the study of Tibetan grassland degradation. Acta Agrestia Sinica, 25(1): 172-177.

Liu C, White M, Newell G, et al. 2013. Selecting thresholds for the prediction of species occurrence with presence-only data. Journal of Biogeography, 40: 778-789.

Liu D, Wang T, Yang T, et al. 2019. Deciphering impacts of climate extremes on Tibetan grasslands in the last fifteen years. Science Bulletin, 64: 446-454.

Liu X D, Chen B D. 2000. Climatic warming in the Tibetan Plateau during recent decades. International Journal of Climatology, 20(14): 1729-1742.

Lu X Y, Yan Y, Sun J, et al. 2015. Short-term grazing exclusion has no impact on soil properties and nutrients of degraded alpine grassland in Tibet, China. Solid Earth, 7(3): 2413-2444.

Ma B B, Sun J. 2018. Predicting the distribution of Stipa purpurea across the Tibetan Plateau via the MaxEnt model. BMC Ecology, 18(1): 10.

MacLean S A, Dominguez A F R, Valpine P, et al. 2018. A century of climate and land-use change cause species turnover without loss of beta diversity in California's Central Valley. Global Change Biology, 24: 5882-5894.

Magill R. 1990. Glossarium polyglottum bryologiae: a multilingual glossary for bryology. Monographs in Systematic Botan from the Missouri Botanical Gardeny, 33: 1-297.

Mahapatra B, Dhal N K, Dash A K, et al. 2019. Perspective of mitigating atmospheric heavy metal pollution: using mosses as biomonitoring and indicator organism. Environmental Science and Pollution Research, 26(29): 29620-29638.

Maier E. 2002. The genus *Grimmia* (Musci, Grimmiaceae) in the Himalaya. Candollea, 57: 143-238.

Maier E. 2010. The genus *Grimmia* Hedw. (Grimmiaceae, Bryophyta): a morphological-anatomical study. Boissiera, 63: 1-377.

Manning W J, Feder W A. 1980. Biomonitoring air pollutants with plants. London: Applied Science Publishers.

Maren I E, Kapfer J, Aarrestad P A, et al. 2018. Changing contributions of stochastic and deterministic processes in community assembly over a successional gradient. Ecology, 99(1): 148-157.

Mazur Z, Radziemska M, Maczuga O, et al. 2013. Heavy metal concentrations in soil and moss (*Pleurozium schreberi*) near railroad lines in Olsztyn (Poland). Fresenius Environmental Bulletin, 22(4): 955-961.

McCune B, Antos J. 1981. Correlations between forest layers in the Swan Valley, Montana. Ecology, 62: 1196-1204.

McDonald S E, Reid N, Waters C M, et al. 2018. Improving ground cover and landscape function in a semi-arid rangeland through alternative grazing management. Agriculture, Ecosystems & Environment, 268: 8-14.

Miehe G, Miehe S, Vogel J, et al. 2007. Highest treeline in the northern hemisphere found in southern Tibet. Mountain Research and Development, 27: 169-173.

Miller N G, Hastings R I. 2013. Taxonomy and distribution of *Grimmia* (Bryophyta) in mountain regions of the Northeastern United States. The Bryologist, 116(1): 28-33.

Minor M A, Ermilov S G, Philippov D A. 2019. Hydrology-driven environmental variability determines abiotic characteristics and Oribatida diversity patterns in a Sphagnum peatland system. Experimental and Applied Acarology, 77(1): 43-58.

Mishler B D, Thrall P H, Hopple J S, et al. 1992. A molecular approach to the phylogeny of bryophytes: cladistic analysis of chloroplast-encoded 16S and 23S ribosomal RNA genes. The Bryologist, 95(2): 172-180.

Mišíková K, Godovičová K, Širka P, et al. 2020. Checklist and red list of mosses (Bryophyta) of Slovakia. Biologia, 75: 21-37.

Mönkemeyer W. 1927. Die Laubmoose Europas. Leipzig: Akademische Verlagsgesellschaft.

Morgan D R, Morgan J R, Wasdin J. 2020. Moss communities of xeric calcareous habitats in the southeastern United States: an assessment of compositional variation and distance decay. The Bryologist, 123(3): 396.

Muñoz J, Felicisimo A M, Cabezas F, et al. 2004. Wind as a long-distance dispersal vehicle in the Southern Hemisphere. Science, 304: 1144-1147.

Muñoz J, Pando F. 2000. A world synopsis of the genus *Grimmia* (Musci, Grimmiaceae). Monographs in Systematic Botany from the Missouri Botanical Garden, 83(i-vi): 1-133.

Nascimbene J, Nimis P L, Mair P, et al. 2018. Climate warming effects on epiphytes in spruce forests of the Alps. Herzogia, 31: 374-384.

Nawrocki T W, Carlson M L, Osnas J L D, et al. 2020. Regional mapping of species-level continuous foliar cover: beyond categorical vegetation mapping. Ecological applications, 30(4): e02081.

Newbold T. 2010. Applications and limitations of museum data for conservation and ecology, with particular attention to species distribution models. Progress in Physical Geography, 34: 3-22.

Niu B, Zeng C X, Zhang X Z, et al. 2019. High below-ground productivity allocation of alpine grasslands on the northern Tibet. Plants-Basel, 8(12): 535.

Nyholm E. 1989. Illustrated flora of nordic mosses. Fasc. 2. Pottiaceae-Splachnaceae-Schistostegaceae. Copenhagen and Lund: Nordic Bryological Society.

Nyholm E. 1998. Illustrated Flora of Nordic Mosses. Fasc. 1-4. Nordic Bryological Society, Copenhagen and Lund: Nordic Bryological Society.

Ochyra R. 1998. The Moss Flora of King George Island, Antarctica. Cracow: Polish Academy of Sciences, W. Szafer Institute of Botany.

Ochyra R, Bednarek-Ochyra H. 2017. The correct name for *Didymodon validus* (Bryophyta, Pottiaceae) at variety rank. Polish Botanical Journal, 62(2): 183-186.

Ochyra R, Smith R I L, Bednarek-Ochyra H. 2008. The Illustrated Moss Flora of Antarctica. Cambridge: Cambridge University Press.

Orgill S E, Condon J R, Conyers M K, et al. 2018. Removing grazing pressure from a native pasture decreases soil organic carbon in Southern New South Wales, Australia. Land Degradation & Development, 29(2): 274-283.

Orr R J, Griffith B A, Cook J E. 2011. Ingestion and excretion of nitrogen and phosphorus by beef cattle under contrasting grazing intensities. Grass and Forage Science, 67: 111-118.

Ouyang W, Wan X Y, Xu Y, et al. 2020. Vertical difference of climate change impacts on vegetation at temporal-spatial scales in the upper stream of the Mekong River Basin. Science of the Total Environment, 701: 134782.

Palazzi E, Filippi L, von Hardenberg J. 2017. Insights into elevation-dependent warming in the Tibetan Plateau-Himalayas from CMIP5 model simulations. Climate Dynamics: Observational, Theoretical and Computational Research on the Climate System, 48: 3991-4008.

Pantovic J, Velji M, Grdovic S, et al. 2021. An annotated list of moss species of Serbia. Phytotaxa, 479(3): 207-249.

Pecl G T, Araújo M B, Bell J D. et al. 2017. Biodiversity redistribution under climate change: impacts on ecosystems and human well-being. Science, 355: eaai9214.

Pepe M S, Cai T, Longton G. 2006. Combining predictors for classification using the area under the receiver operating characteristic curve. Biometrics, 62(1): 221-229.

Pereira O J R, Ferreira L G, Pinto F, et al. 2018. Assessing Pasture Degradation in the Brazilian Cerrado Based on the Analysis of MODIS NDVI Time-Series. Remote Sensing, 10(11): 1761.

Pharo E J, Vitt D H. 2000. Local variation in bryophyte and macro-lichen cover and diversity in montane forests of Western Canada. The Bryologist, 103: 455-466.

Phillips S J, Anderson R P, Schapire R E. 2006. Maximum entropy modeling of species geographic distributions. Ecological Modelling, 190: 231-259.

Phillips S J, Dudík M, Elith J, et al. 2009. Sample selection bias and presence-only distribution models: implications for background and pseudo-absence data. Ecological Applications, 19: 181-197.

Piatkowski B T, Shaw A J. 2019. Functional trait evolution in Sphagnum peat mosses and its relationship to niche construction. New Phytologist, 223: 939-949.

Prates-Clark C D, Saatchi S S, Agosti D. 2008. Predicting geographical distribution models of high-value timber trees in the Amazon Basin using remotely sensed data. Ecological Modelling, 211: 309-323.

Proctor M C F. 2004. How long must a desiccation-tolerant moss tolerate desiccation? Some results of 2 years' data logging on *Grimmia pulvinata*. Physiologia Plantarum, 122: 21-27.

Proctor M C F. 2010. Trait correlations in bryophytes: exploring an alternative world. New Phytologist, 185: 1-3.

Qi A M, Murray P J, Richter G M. 2017. Modelling productivity and resource use efficiency for grassland ecosystems in the UK. European Journal of Agronomy, 89: 148-158.

Qiu J. 2012. Glaciologists to target third pole. Nature, 484: 19-20.

Qiu J. 2016. Trouble in Tibet: Rapid changes in Tibetan grasslands are threatening Asia's main water supply and the livelihood of nomads. Nature, 529: 142-145.

Quintero I, Wiens J J. 2013. Rates of projected climate change dramatically exceed past rates of climatic niche evolution among vertebrate species. Ecology Letters, 16: 1095-1103.

Remya K, Ramachandran A, Jayakumar S. 2015. Predicting the current and future suitable habitat distribution of *Myristica dactyloides* Gaertn. using MaxEnt model in the Eastern Ghats, India. Ecological Engineering, 82: 184-188.

Riahi K, Krey V, Rao S, et al. 2011. RCP-8.5: Exploring the consequence of high emission trajectories. Climatic Change, 109: 33-57.

Rice S K, Aclander L, Hanson D T. 2008. Do bryophyte shoot systems function like vascular plant leaves or canopies? Functional trait relationships in *Sphagnum* mosses (Sphagnaceae). American Journal of Botany, 95(11): 1366-1374.

Rosentreter R. 2020. Biocrust lichen and moss species most suitable for restoration projects. Restoration Ecology, 28: S67-S74.

Rosentreter R, Eldridge D J, Westberg M, et al. 2016. Structure, composition, and function of biocrust lichen communities. // Weber B, Büdel B, Belnap J. Biological Soil Crusts: An Organizing Principle in Drylands. Ecological Studies, Vol. 226. Cham: Springer.

Roth G, Brotherus V F. 1904. Die Europaischen Laubmoose. The Bryologist, 7(2): 31-32.

Sahragard H P, Chahouki M A Z. 2016. Comparison of logistic regression and machine learning techniques in prediction of habitat distribution of plant species. Range Management and Agroforestry, 37(1): 21-26.

Saito K. 1975. A monograph of Japanese Pottiaceae (Musci). Journal of the Hattori Botanical Laboratory, 39: 373-537.

Sanjo Jose S, Nameer P O. 2020. The expanding distribution of the Indian Peafowl (Pavo cristatus) as an indicator of changing climate in Kerala, southern India: a modelling study using MaxEnt. Ecological Indicators, 110: 105930.

Schluter D. 2009. Evidence for ecological speciation and its alternative. Science, 323: 737-741.

Schofield W B. 1985. Introduction to bryology. New York: Macmillan Publishing Company.

Schückel U, Kröncke I, Baird D. 2015. Linking long-term changes in trophic structure and function of an intertidal macrobenthic system to eutrophication and climate change using ecological network analysis. Marine Ecology Progress Series, 536: 25-38.

Schwalm C R, Glendon S, Duffy P B. 2020. RCP8.5 tracks cumulative CO_2 emissions. Proceedings of the National Academy of Sciences, 117(33): 19656-19657.

Shafer A B A, Wolf J B W. 2013. Widespread evidence for incipient ecological speciation: a meta-analysis of isolation-by-ecology. Ecology Letters, 16: 940-950.

Shang Z H, Yang S H, Wang Y L, et al. 2016. Soil seed bank and its relation with above-ground vegetation along the degraded gradients of alpine meadow. Ecological Engineering, 90: 268-277.

Shannon C E. 1948. A mathematical theory of communication. The Bell System Technical Journal, 27(3): 379-423.

Sharp A J, Crum H, Eckel P M. 1994. The Moss Flora of Mexico. Vol. 1. New York: Memoirs of the New York Botanical Garden.

Shi F S, Chen H, Wu Y, et al. 2010. Effects of livestock exclusion on vegetation and soil properties under two topographic habitats in an alpine meadow on the eastern Qinghai-Tibetan Plateau. Polish Journal of Ecology, 58(1): 125-133.

Silva A T, Gao B, Fisher K M, et al. 2021. To dry perchance to live: insights from the genome of the desiccation-tolerant biocrust moss *Syntrichia caninervis*. The Plant Journal, 105(5): 1339-1356.

Silvola J. 1985. CO_2 dependence of photosynthesis in certain forest and peat mosses and simulated photosynthesis at various actual and hypothetical CO_2 concentrations. Lindbergia, 11: 86-93.

Smith A J E. 2004. The moss flora of Britain and Ireland. 2nd Ed. Cambridge: Cambridge University Press.

Smith W K, Dannenberg M P, Yan D, et al. 2019. Remote sensing of dryland ecosystem structure and function: progress, challenges, and opportunities. Remote Sensing of Environment, 233: 111401.

Sollman P. 1983. Notes on pottiaceous mosses. I. The Bryologist, 86(3): 271-272.

Sollman P. 1994. New and noteworthy records and new synonyms in pottiaceous mosses, mostly from SE Asia. Bryophyte Diversity and Evolution, 9(1): 75-78.

Song S S, Liu X H, Bai X L, et al. 2015. Impacts of environmental heterogeneity on moss diversity and distribution of *Didymodon* (Pottiaceae) in Tibet, China. PLoS One, 10(7): e0132346.

Sotiaux A, Dopagne C, Vanderpoorten A. 2020. The bryophyte flora of an Alpine limestone area (Queyras, Hautes Alpes, France). Journal of Bryology, 42(4): 1-13.

Spagnuolo V, Caputo P, Cozzolino S, et al. 1997. Length polymorphism in the intragenic spacer 1 of the nuclear ribosomal DNA of some Pottiaceae (Pottiales, Musci). Cryptogamie Bryologie, 18: 55-61.

Spitale D. 2016. The interaction between elevational gradient and substratum reveals how bryophytes respond to the climate. Journal of Vegetation Science, 27: 844-853.

Srivastava V, Griess V C, Keena M A. 2020. Assessing the potential distribution of Asian Gypsy moth in Canada: a comparison of two methodological approaches. Scientific Reports, 10: 22.

Stachová T, Lepš J. 2010. Species pool size and realized species richness affect productivity differently: a modeling study. Acta Oecologica, 36(6): 578-586.

Starrs P F. 2018. Transhumance as antidote for modern sedentary stock raising. Rangeland Ecology & Management, 71(5): 592-602.

Stein A, Gerstner K, Kreft H, et al. 2014. Environmental heterogeneity as a universal driver of species richness across taxa, biomes and spatial scales. Ecology Letters, 17: 866-880.

Stough J M A, Kolton M, Kostka J E, et al. 2018. Diversity of active viral infections within the *Sphagnum* microbiome. Applied and Environmental Microbiology, 84(23): e01124-18.

Sun J, Wang X D, Cheng G W, et al. 2014. Effects of grazing regimes on plant traits and soil nutrients in an alpine steppe, northern Tibetan Plateau. PLoS One, 9(9): e108821.

Sun S Q, Wang G X, Chang S X, et al. 2017. Warming and nitrogen addition effects on bryophytes are species- and plant community-specific on the eastern slope of the Tibetan Plateau. Journal of Vegetation Science, 28(1): 128-138.

Sutherland W J, Freckleton R P, Godfray H C J, et al. 2013. Identification of 100 fundamental ecological questions. Journal of Ecology, 101: 58-67.

Sutton P C, Anderson S J, Costanza R, et al. 2016. The ecological economics of land degradation: impacts on ecosystem service values. Ecological Economics, 129: 182-192.

Swets J A. 1988. Measuring the accuracy of diagnostic systems. Science, 240: 1285-1293.

Tateno R, Tatsumi C, Nakayama M, et al. 2019. Temperature effects on the first three years of soil ecosystem development on volcanic ash. CATENA, 172: 1-10.

Thomson A M, Calvin K V, Smith S J, et al. 2011. RCP4.5: A pathway for stabilization of radiative forcing by 2100. Climatic Change, 109: 77-94.

Törn A, Rautio J, Norokorpi Y, et al. 2006. Revegetation after short-term trampling at subalpine heath vegetation. Annales Botanici Fennici, 43: 129-138.

Tuba Z, Ötvös E, Jócsák I. 2011. Effects of elevated air CO_2 concentration on bryophytes: a review. // Tuba Z, Slack N G, Stark L R. Bryophyte Ecology and Climate Change. Cambridge: Cambridge University Press: 55-70.

Turunen J, Louhi P, Mykrae H, et al. 2018. Combined effects of local habitat, anthropogenic stress, and dispersal on stream ecosystems: a mesocosm experiment. Ecological Applications, 28(6): 1606-1615.

Tyler T, Olsson P. 2016. Substrate pH ranges of south Swedish bryophytes—Identifying critical pH values and richness patterns. Flora, 223: 74-82.

Urosevic M A, Krmar M, Radnovic D, et al. 2020. The use of moss as an indicator of rare earth element deposition over large area. Ecological Indicators, 109: 105828.

Valente D V, Peralta D F, Prudencio R X A, et al. 2020. Taxonomic notes and new synonyms on Brazilian *Macromitrium* Bridel (Bryophyta, Orthotrichaceae). Phytotaxa, 454(3): 213-225.

Vanderpoorten A, Goffinet B. 2009. Introduction to Bryophytes. New York: Cambridge University Press.

Vavra M. 1998. Public land and natural resource issues confronting animal scientists and livestock producers. Journal of Animal Science, 76(9): 2340-2345.

Vilar del Hoyo L, Martín Isabel M P, Martínez Vega F J. 2011. Logistic regression models for human-caused wildfire risk estimation: analysing the effect of the spatial accuracy in fire occurrence data. European Journal of Forest Research, 130: 983-996.

Virtanen R, Johnston A E, Crawley M J, et al. 2000. Bryophyte biomass and species richness on the Park Grass Experiment, Rothamsted, UK. Plant Ecology, 151: 129-141.

Vuuren D P van, Stehfest E, Den Elzen M G J, et al. 2011. RCP2.6: Exploring the possibility to keep global mean temperature change below 2 degree. Climatic Change, 109: 95-116.

Waite M, Sack L. 2010. How does moss photosynthesis relate to leaf and canopy structure? Trait relationships for 10 Hawaiian species of contrasting light habitats. New Phytologist, 185(1): 156-172.

Wang L L, Zhao L, Song X T, et al. 2019. Morphological traits of *Bryum argenteum* and its response to environmental variation in arid and semi-arid areas of Tibet. Ecological Engineering, 136: 101-107.

Wang Y J, Fu B J, Liu Y X, et al. 2021. Response of vegetation to drought in the Tibetan Plateau: elevation differentiation and the dominant factors. Agricultural and Forest Meteorology, 306: 108468.

Wang Z, Bader M Y, Liu X, et al. 2017. Comparisons of photosynthesis-related traits of 27 abundant or subordinate bryophyte species in a subalpine old-growth fir forest. Ecology & Evolution, 7(18): 7454-7461.

Wang Z, Liu X, Bao W K. 2015. Higher photosynthetic capacity and different functional trait scaling relationships in erect bryophytes compared with prostrate species. Oecologia, 180(2): 359-369.

Waters D A, Buchheim M A, Chapman D R L. 1992. Preliminary inferences of the phylogeny of bryophytes from nuclear-encoded ribosomal RNA sequences. American Journal of Botany, 79(4): 459-466.

Wei P, Xu L, Pan X B, et al. 2020. Spatio-temporal variations in vegetation types based on a climatic grassland classification system during the past 30 years in Inner Mongolia, China. CATENA, 185: 104298.

Werner O, Jiménez J A, Ros R M, et al. 2005. Preliminary investigation of the systematics of *Didymodon* (Pottiaceae, Musci) based on nrITS sequence data. Systematic Botany, 30(3): 461-470.

Werner O, Köckinger H, Jiménez J A, et al. 2009. Molecular and morphological studies on the *Didymodon tophaceus* complex. Plant Biosystems, 143(sup1): S136-S145.

Werner O, Ros R M, Cano M J, et al. 2002. *Tortula* and some related genera (Pottiaceae, Musci): phylogenetic relationships based on chloroplast *rps*4 sequences. Plant Systematics and Evolution, 235: 197-207.

Werner O, Ros R M, Cano M J, et al. 2004. Molecular phylogeny of Pottiaceae (Musci) based on chloroplast *rps*4 sequence data. Plant Systematics and Evolution, 243(3-4): 147-164.

Whitney K, Scudiero E, El-Askary H M, et al. 2018. Validating the use of MODIS time series for salinity assessment over agricultural soils in California, USA. Ecological Indicators, 93: 889-898.

Wilson K L, Skinner M A, Lotze H K. 2019. Projected 21st-century distribution of canopy-forming seaweeds in the Northwest Atlantic with climate change. Diversity and Distributions, 25(4): 582-602.

Wittmann M E, Barnes M A, Jerde C L, et al. 2016. Confronting species distribution model predictions with species functional traits. Ecology and Evolution, 6(4): 873-880.

Xiao B, Sun F H, Hu K L, et al. 2019. Biocrusts reduce surface soil infiltrability and impede soil water infiltration under tension and ponding conditions in dryland ecosystem. Journal of Hydrology, 568: 792-802.

Xiong Q L, Xiao Y, Marwa W A H, et al. 2019. Monitoring the impact of climate change and human activities on grassland vegetation dynamics in the northeastern Qinghai-Tibet Plateau of China during 2000-2015. Journal of Arid Land, 11(5): 637-651.

Xu H K, Zhang Y J, Kang B Y, et al. 2019. Different types of biocrusts affect plant communities by changing the microenvironment and surface soil nutrients in the Qinghai-Tibetan Plateau. Arid Land Research and Management, 34(3): 306-318.

Xu Z X, Gong T L, Li J Y. 2008. Decadal trend of climate in the Tibetan Plateau—regional temperature and precipitation. Hydrological Processes, 22: 3056-3065.

Yang K, Wu H, Qin J, et al. 2014. Recent climate changes over the Tibetan Plateau and their impacts on energy and water cycle: a review. Global and Planetary Change, 112: 79-91.

Yang Q Q, Huang X, Tang Q H. 2019. The footprint of urban heat island effect in 302 Chinese cities: temporal trends and associated factors. The Science of the Total Environment, 655: 652-662.

Yang S X, Feng Q S, Liang T G, et al. 2018. Modeling grassland above-ground biomass based on artificial neural network and remote sensing in the Three-River Headwaters Region. Remote Sensing of Environment, 204: 448-455.

Yang Y, Wang Z Q, Li J L, et al. 2016. Comparative assessment of grassland degradation dynamics in response to climate variation and human activities in China, Mongolia, Pakistan and Uzbekistan from 2000 to 2013. Journal of Arid Environments, 135: 164-172.

Yang Z P, Baoyin T, Minggagud H, et al. 2017. Recovery succession drives the convergence, and grazing versus fencing drives the divergence of plant and soil N/P stoichiometry in a semiarid steppe of Inner Mongolia. Plant and Soil, 420(1): 303-314.

Yao T D, Xue Y K, Chen D L, et al. 2019. Recent Third Pole's rapid warming accompanies cryospheric melt and water cycle intensification and interactions between monsoon and environment: multidisciplinary approach with observations, modeling, and analysis. Bulletin of the American Meteorological Society, 100(3): 423-444.

Ye X P, Yu X P, Yu C Q, et al. 2018. Impacts of future climate and land cover changes on threatened mammals in the semi-arid Chinese Altai Mountains. Science of The Total Environment, 612: 775-787.

Yin B F, Li J W, Zhang Q, et al. 2021. Freeze-thaw cycles change the physiological sensitivity of *Syntrichia caninervis* to snow cover. Journal of Plant Physiology, 266: 153528.

Yin B F, Zhang Y M. 2016. Physiological regulation of *Syntrichia caninervis* Mitt. in different microhabitats during periods of snow in the Gurbantünggüt Desert, northwestern China. Journal of Plant Physiology, 194: 13-22.

Yin B F, Zhang Y M, Lou A R. 2017. Impacts of the removal of shrubs on the physiological and biochemical characteristics of *Syntrichia caninervis* Mitt: in a temperate desert. Scientific Reports, 7: 45268.

You J L, Qin X P, Ranjitkar S, et al. 2018. Response to climate change of montane herbaceous plants in the genus *Rhodiola* predicted by ecological niche modelling. Scientific Reports, 8: 5879.

You Q L, Fraedrich K, Ren G Y, et al. 2013. Variability of temperature in the Tibetan Plateau based on homogenized surface stations and reanalysis data. International Journal of Climatology, 33: 1337-1347.

Yu F B, Gao M, Li M, et al. 2015b. A dual response near-infrared fluorescent probe for hydrogen polysulfides and superoxide anion detection in cells and *in vivo*. Biomaterials, 63: 93-101.

Yu F Y. 2017. Conservation biogeography of rhodondendrons in China. Ph.D. Thesis, University of Twente.

Yu F Y, Groen T A, Wang T J, et al. 2017. Climatic niche breadth can explain variation in geographical range size of alpine and subalpine plants. International Journal of Geographical Information Science, 31(1): 190-212.

Yu F Y, Wang T J, Groen T A, et al. 2015a. Multi-scale comparison of topographic complexity indices in relation to plant species richness. Ecological Complexity, 22: 93-101.

Yu F Y, Wang T J, Thomas T A, et al. 2019. Climate and land use changes will degrade the distribution of *Rhododendrons* in China. Science of The Total Environment, 659(1): 515-528.

Yuan L M, Zhao L, Li R, et al. 2020. Spatiotemporal characteristics of hydrothermal processes of the active layer on the central and northern Qinghai-Tibet Plateau. Science of the Total Environment, 712: 136392.

Zakharova E Y, Shkurikhin A O, Oslina T S. 2017. Morphological variation of *Melanargia russiae* (Esper, 1783) (Lepidoptera, Satyridae) from the main part of the range and in case of its expansion to the north under climate change conditions. Contemporary Problems of Ecology, 10(5): 488-501.

Zander R H. 1978. New combinations in *Didymodon* (Musci) and a key to the taxa of North America north of Mexico. Phytologia, 41: 11-32.

Zander R H. 1993. Genera of the Pottiaceae: mosses of harsh environments. Bulletin of the Buffalo Society of Natural Sciences, 32: 1-378.

Zander R H. 1998. A phylogrammatic evolutionary analysis of the moss genus *Didymodon* in North America north of Mexico. Bulletin of the Buffalo Society of Natural Sciences, 36: 81-115.

Zander R H. 2007. Pottiaceae Schimper. // Flora of North America Editorial Committee. Flora of North America. Vol. 27. New York: Oxford University Press: 476-642.

Zander R H. 2017. Macroevolutionary Systematics of the Streptotrichaceae of the Bryophyta and Application to Ecosystem Thermodynamic Stability. St. Louis: Zetetic Publications.

Zander R H. 2019. Macroevolutionary versus molecular analysis: systematics of the *Didymodon* segregates *Aithobryum*, *Exobryum* and *Fuscobryum* (Pottiaceae). Hattoria, 10: 1-38.

Zander R H, Ochyra R. 2001. *Didymodon tectorum* and *D. brachyphyllus* (Musci, Pottiaceae) in North America. The Bryologist, 104(3): 372-377.

Zhang G L, Feng C, Kou J, et al. 2023. Phylogeny and divergence time estimation of the genus *Didymodon* (Pottiaceae) based on nuclear and chloroplast markers. Journal of Systematics and Evolution, 61(1): 115-126.

Zhang J, Zhang Y M. 2020. Ecophysiological responses of the biocrust moss *Syntrichia caninervis* to experimental snow cover manipulations in a temperate desert of Central Asia. Ecological Research, 35: 198-207.

Zhang J H, Wu B, Li Y H, et al. 2013. Biological soil crust distribution in Artemisia ordosica communities along a grazing pressure gradient in Mu Us Sandy Land, Northern China. Journal of Arid Land, 5(2): 172-179.

Zhang Y M, Chen J, Wang L, et al. 2007. The spatial distribution patterns of biological soil crusts in the Gurbantunggut Desert, Northern Xinjiang, China. Journal of Arid Environments, 68(4): 599-610.

Zhang Y Z, Wang Q, Wang Z Q, et al. 2020. Impact of human activities and climate change on the grassland dynamics under different regime policies in the Mongolian Plateau. Science of the Total Environment, 698: 134304.

Zhao D P, Mamtimin S, He S. 2018. *Didymodon kunlunensis* D. P. Zhao, S. Mamtimin & S. He (Pottiaceae), a new species from Xinjiang, China. Journal of Bryology, 40(2): 120-124.

Zheng D. 1996. The system of physico-geographical regions of the Qinghai-Xizang (Tibet) Plateau. Science in China. Series D. Earth sciences, 39(4): 410-417.

Zobel M, Suurkask M, Rosén E, et al. 1996. The dynamics of species richness in an experimentally restored calcareous grassland. Journal of Vegetation Science, 7(2): 203-210.

Zomer R J, Trabucco A, Bossio D A, et al. 2008. Climate change mitigation: a spatial analysis of global land suitability for clean development mechanism afforestation and reforestation. Agriculture, Ecosystems & Environment, 126(1-2): 67-80.

编 后 记

　　"博士后文库"是汇集自然科学领域博士后研究人员优秀学术成果的系列丛书。"博士后文库"致力于打造专属于博士后学术创新的旗舰品牌，营造博士后百花齐放的学术氛围，提升博士后优秀成果的学术影响力和社会影响力。

　　"博士后文库"出版资助工作开展以来，得到了全国博士后管委会办公室、中国博士后科学基金会、中国科学院、科学出版社等有关单位领导的大力支持，众多热心博士后事业的专家学者给予积极的建议，工作人员做了大量艰苦细致的工作。在此，我们一并表示感谢！

"博士后文库"编委会